무기의
경제학
WEAPON
ECONOMICS

KODEF
안보총서
101

무기의 경제학

WEAPON ECONOMICS

★ 권오상 지음

플래닛미디어
Planet Media

친구 영준에게

● 전투와 전쟁을 수행하는 주체는 군대, 즉 사람이다. 하지만 선사시대 이래로 맨손으로 전투를 치른 사람은 없었다. 날카로운 칼이나 뾰족한 창 등의 무기는 기본이었다. 하다못해 안 되면 몽둥이나 돌멩이라도 들었다. 이유는 간단했다. 그런 무기를 든 쪽이 들지 않은 쪽을 압도할 수 있어서였다. 같은 칼이어도 철로 만든 쪽이 청동으로 만든 쪽을 능가했다. 즉, 무기는 전투와 전쟁의 승패에 핵심적인 요소였다. 과거에도 그래왔고 앞으로도 변할 리 없다.

무기에서 경제적 고려는 본질적이다. 창을 예로 들어보자. 창은 짧을수록 만들기 쉽고 반대로 길수록 비용이 증가한다. 비용을 아끼겠다고 짧게만 만들면 전쟁터에서 아무런 쓸모가 없다. 왜냐하면 긴 창을 든 쪽이 멀리서 찌르는 걸 대적할 방법이 없어서다. 그렇다고 무턱대고 길게만 만들어도 문제다. 비용도 비용이지만 너무 길면 잘 부러지고 무거워서 사용하기도 버겁다. 적절한 비용으로 우수한 전투력을 발휘할 수 있게 하는 무기의 확보는 그래서 모든 국가의 관심 사항이다.

〈군사경제학 3부작〉의 마지막인 이 책에 이와 같은 최선의 혹은 최적의 무기 결정을 위한 내용을 담았다. 수치적인 이론과 역사적 실제 사례를 날줄과 씨줄로 엮은 것은 전작들과 마찬가지다. 무기의 경제적 측면을 잘 드러내려다 보니 사례들이 최근 전쟁으로 몰렸다. 무기의 경제성에 관한 구체적 사례들은 참고문헌에 있는 『Military Cost-Based Analysis』와 미국 전문가집단인 랜드RAND Corporation에서 발간한 연구논문들을 주로 참고했다. 양차 대전 이전 사례에 관심이 있을 독자들의 양해를 구한다.

무기의 경제성을 다루다 보니 방위산업에 대한 얘기도 지나칠 수 없었다. 방위산업을 한마디로 요약하라면 "무기를 만드는 산업"이라고 할 수 있다. 방위산업에 관련된 다양한 그룹들은 각각 고유한 인센티브를 갖고 있다. 정치인은 언론의 관심을 원하고, 군부는 진급을 기대하며, 업체는 금전적 이익을 쫓는다. 하지만 궁극적으로 중요한 일은 국가를 구성하는 국민들이 안심하고 살 수 있어야 한다는 점이다. 그 과정에서 엉뚱한 헛돈을 쓰지 말아야 함은 말할 필요도 없다.

실제로 최신 무기체계를 획득하려면 엄청난 돈이 필요하다. 일례로, 사우디아라비아는 2008년 영국으로부터 전폭기 유로파이터 타이푼Eurofighter Typhoon을 72대 구매했다. 이때 지불한 돈이 무려 6.9조 원 정도였다. 대당 가격이 거의 1,000억 원이다. 그런데 그게 전부가 아니다. 전폭기에 장착하는 미사일이나 폭탄과 같은 무장체계도 같이 사야 한다. 그렇지 않으면 날아다니는 깡통에 불과하다. 그 비용은 8조 원에 달했다. 다시 말해, 몸체보다 주변 장치에 돈이 더 든다.

그걸로도 끝나지 않았다. 체계를 유지하고, 조종사 등을 훈련시키고, 기체를 정비하는 비용이 또 필요했다. 그게 16조 원이었다. 모든 걸 다 합치면 30조 원이 넘는다. 즉, 무기 자체 가격도 어마어마하지만 숨은 비용이 그보다 훨씬 더 클 수 있다. 대개 이런 비용은 잘 알려지지 않는다.

비즈니스 세계에서 회자되는 말 중에 "똑똑한 사람은 뭘 물어봐야 할 지 알고, 더 똑똑한 사람은 대답을 이해하며, 최고로 똑똑한 전문가는 질문하지 않는다"는 말이 있다. 전문가는 이미 답을 알고 있기 때문이다. 그러나 질문의 부재를 전문성의 증명으로 오해해서는 곤란하다. 무지의 결과일 가능성도 다분하기 때문이다. 이 둘이 서로 혼동되지 않기를 바라면서 어디선가 들은 다음의 얘기로 들어가는 글을 마칠까 한다.

"전쟁은 이익을 달러와 점령지로 계산하고 손실은 인명으로 계산하는 사기다."

2018년 6월
자택 서재에서
권오상

CONTENTS

NORTHROP GRUMMAN

SAAB

GENERAL DYNAMICS

U.S. AIR FORCE

PART 1

군사비와 방위산업을
바라보는 세 가지 관점

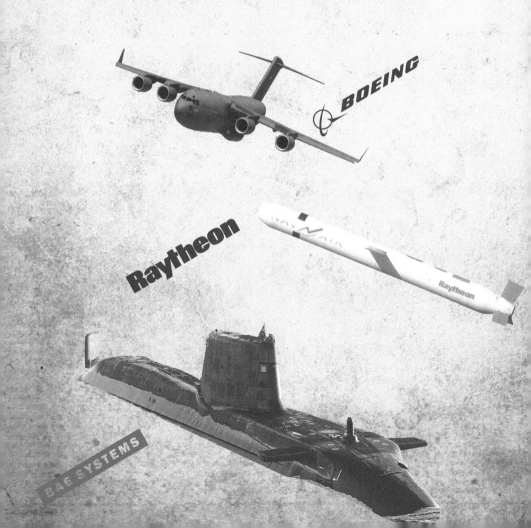

CHAPTER 1
적의 선제공격을 억제하고
격퇴하기를 바라는 국가와 국민

● 전쟁은 어떤 식으로든 평범한 사람들에게 재앙이다. 멀쩡히 살고 있던 집이 불타버리는 것쯤은 약과다. 가까운 가족과 친지들이 죽거나 다친다. 내가 그 대상이 되지 말란 법도 없다. 근대 이전에는 전쟁에 지면 살아남아도 노예 신세가 되었다. 항복하지 않았다는 이유로 도시의 모든 주민이 몰살되기도 했다. 정상적인 사고방식을 가진 사람에게 전쟁은 절대로 일어나서는 안 되는 절대악絶對惡이다. 하지만 누군가 쳐들어온다면 내 바람과 무관하게 전쟁을 피할 수 없다. 먼저 공격을 당한 입장이라면 그때는 어떻게든 물리쳐야 한다.

군대가 필요한 이유는 딱 거기까지다. 군대가 없다면 평화를 지킬 방법이 없다. 모든 나라들이 동시에 군대를 없앤다면 세상에 평화가 찾아올지도 모른다. 그러나 인류 역사상 그런 일이 한 번도 없었던 것을 감안하면 섣불리 나 혼자 나설 일은 아니다. 전작인 『전쟁의 경제학』에서 누누이 강조했듯 군대의 보유는 전형적인 '죄수의 딜레마

prisoner's dilemma' (두 사람의 협력적인 선택이 둘 모두에게 최선의 선택임에도 불구하고 자신의 이익만을 고려한 선택으로 인해 자신뿐만 아니라 상대방에게도 나쁜 결과를 야기하는 현상)다. 둘 다 군대를 없애면 상호간 차선의 결과를 얻는다. 하지만 이러한 상태는 서로 군대를 갖지 않기로 한 약속을 강제할 수단이 없는 한 본질적으로 불안정하다. 내가 약속을 지키는 사이 상대가 군대를 가지면 순식간에 점령당할 수 있다. 그런 꼴을 당할 수는 없기 때문에 둘 다 군대를 갖는 차악을 택하게 된다.

말하자면, 군대는 두 가지 이유에서 필요하다. 첫째는 전쟁의 억제다. 주변국이 함부로 선제공격을 하지 못하도록 억제하는 역할을 군대는 갖고 있다. 둘째는 적 공격의 격퇴다. 전쟁을 억제하려는 노력에도 불구하고 적이 선제공격을 해오면 전쟁이 벌어질 수 있다. 그럴 때 적 공격을 효과적으로 막아내는 임무를 수행한다. 한편, 경우에 따라 군대가 국내 치안 유지와 내부적 무력 행사 도구로 동원되는 경우도 없지 않다. 하지만 이는 이미 군대 본연의 목적에서 벗어난 외도 행위다. 치안 유지는 경찰의 몫이며 내부적 무력 행사에 동원된 군대는 군대가 아니라 권력자가 사사로이 부리는 사병 집단이다.

즉, 요즘의 민주국가 군대는 과거의 군대와 다르다. 예전의 군대는 부대 지휘관이나 혹은 왕이나 귀족 등 개인에게 충성하는 집단이었다. 서양 역사를 보면 왕권을 놓고 두 귀족이 서로 자신의 사병을 동원해 전투를 벌였던 경우를 심심치 않게 찾아볼 수 있다. 반면, 요즘의 군대는 특정 개인이 아니라 국가 기구 자체에 충성하도록 만들어졌다. 이 차이는 매우 중요하다.

●●● 군대는 두 가지 이유에서 필요하다. 첫째는 전쟁의 억제다. 둘째는 적 공격의 격퇴다. 군대의 유지는 결코 공짜가 아니다. 즉, 돈이 든다. 그래서 전쟁을 치르지 않더라도 일정 수준의 군사비 지출은 불가피하다. 문제는 그게 얼마여야 적정할까다. 너무 적으면 전쟁 억제와 적군 격퇴라는 본연의 임무를 감당하지 못할 수 있다. 그렇다고 무조건 늘리면 국가가 지는 부담이 크다. 그 부담은 결국 온전히 국민들 몫이다. 필요 이상의 군사비 지출은 국가 전체적으로나 국민 개개인 입장으로 보나 피해야 할 사항이다.

F/A-18 Hornet
F/A-18 호넷

JAS 39 Gripen
JAS 39 그리펜

●●● 영세중립국인 스위스는 1815년부터 징병제를 통해 상당한 규모의 병력을 유지하고 있다. 스위스군은 무기도 최신식이다. 미국 전폭기 F/A-18을 30대 갖고 있고 2011년에는 스웨덴 JAS 39 그리펜을 새롭게 구입하기로 결정했다.

    다른 나라를 영원히 공격하지 않겠다고 선언한 영세중립국에 군대가 필요할까? 군대가 없는 영세중립국도 있기는 하다. 예를 들어, 오스트리아-프로이센 전쟁이 끝난 후인 1868년부터 지금껏 영세중립국인 유럽의 작은 나라 리히텐슈타인Liechtenstein에는 군대가 없다. 서울시 면적의 25퍼센트가 조금 넘는 영토에 2014년 기준 인구가 약 3만 7,000명에 불과한 이 나라에는 소화기로 무장한 총 87명의 경찰관이 있을 뿐이다. 하지만 인구 3만 7,000명의 국가가 군대를 가진다고 해서 주변국의 침공을 막을 수 있을 것 같지는 않다. 즉, 군대가 없는 영세중립국은 법칙이기보다는 예외에 속한다.

    정상적인 경우라면 영세중립국도 군대를 갖고 있다. 대표적인 예가 스위스와 오스트리아다. 1815년부터 영세중립국이었던 스위스는 징병제를 통해 상당한 규모의 병력을 유지하고 있다. 스위스군은 무기도 최신식이다. 미국 전폭기 F/A-18을 30대 갖고 있고 2011년에는 스웨덴 JAS 39 그리펜Gripen을 새롭게 구입하기로 결정했다. 누구든 스위스를 공격하면 상당한 군사적 손실을 각오해야 한다. 독일 전

Leopard 2A4
레오파르트 2A4

Eurofighter Typhoon
유로파이터 타이푼

●●● 독일 전차 레오파르트 2A4와 유로파이터 타이푼을 보유하며 징병제를 고수하는 영세중립국 오스트리아도 스위스와 크게 다르지 않다.

차 레오파르트Leopard 2A4와 유로파이터 타이푼Eurofighter Typhoon을 보유하며 징병제를 고수하는 오스트리아도 스위스와 크게 다르지 않다.

이러한 군대의 유지는 결코 공짜가 아니다. 즉, 돈이 든다. 그래서 전쟁을 치르지 않더라도 일정 수준의 군사비 지출은 불가피하다. 군대를 유지하기 위한 군사비 지출은 일종의 보험계약 체결로 간주할 만하다. 언제인지 알 수는 없지만 전쟁이 날 때를 대비해서 보험료를 미리 내는 셈이다. 문제는 그게 얼마여야 적정할까다. 너무 적으면 전쟁 억제와 적군 격퇴라는 본연의 임무를 감당하지 못할 수 있다. 그렇다고 무조건 늘리면 국가가 지는 부담이 크다. 그 부담은 결국 온전히 국민들 몫이다. 필요 이상의 군사비 지출은 국가 전체적으로나 국민 개개인 입장으로 보나 피해야 할 사항이다.

경제학 교과서에 의하면, 국방은 가장 순수한 의미의 공공재다. 사유재와 대비되는 공공재는 모든 사람이 공동으로 이용할 수 있는 재화 또는 서비스를 말한다. 경제학 개념을 좀 더 동원해 설명하자면 공공재는 소비 시 비경합성과 비배제성을 갖고 있다. 비경합성이란 국방비 지출에서 발생되는 편익을 다른 사람이 누린다고 해서 내가 누리는 편익이 줄어들지 않는다는 의미다. 비배제성이란 국방비를 덜 낸 사람이라고 해서 더 낸 사람보다 국방의 혜택을 적게 누리지 않는 다는 의미다. 쉽게 얘기하자면, 국방은 사적으로 소유하고 거래할 수 있는 대상이 아니라는 얘기다. 그런 성격이 있다면 그건 더 이상 국방이 아니다.

경제학자들이 밝힌 바에 의하면, 공공재는 시장에 맡겨둘 수 없다. 왜냐하면 그렇게 했다가는 사회적으로 필요한 수준보다 더 적게 공급되기 때문이다. 다시 말해, 국방을 위해 스스로 희생할 생각은 없으면서 다른 사람의 희생은 당연한 일로 여기는 일종의 무임승차자 문제가 발생한다. 그렇기 때문에 이에 대한 국가의 개입은 필연적이다. 국가가 이러한 임무를 사심 없이 수행하고 있느냐는 또 별개의 문제다.

전 세계 각국의 군사비 지출에 관한 자료는 크게 보아 두 군데에서 나온다. 하나는 SIPRI라는 약칭으로 불리는 스톡홀름 국제평화연구소고, 다른 하나는 IISS로 칭하는 영국 국제전략연구소International Institute for Strategic Studies다. 스톡홀름 국제평화연구소에 의하면, 2015년 기준 전 세계 군사비 지출은 1,676조 원이다. 이를 2016년 추산 세계 인구 74억 명으로 나누면 매년 전 세계 인구가 각각 약 23만 원의 돈을 군사비로 쓰고 있는 셈이다.

이 숫자만으로는 군사비 지출 규모가 어떤지 잘 감이 잡히지 않을 것 같다. 보다 의미 있는 지표를 보려면 지출한 군사비를 국내총생산GDP, Gross Domestic Product과 비교해야 한다. 실제로 1,676조 원이라는 전 세계 군사비를 국제통화기금이 2016년에 추산한 전 세계 국내총생산인 7경 5,213조 원으로 나누면 약 2.2퍼센트가 나온다. 2.2퍼센트라는 전 세계 국내총생산 대비 군사비 비율을 기억하도록 하자.

전 세계에서 가장 군사비를 많이 쓰는 나라는 어딜까? 스톡홀름 국제평화연구소에 의하면, 짐작대로 2015년 기준 596조 원을 쓴 미국이다. 전 세계 군사비의 대략 3분의 1을 미국 혼자서 쓰고 있는 셈이다. 경우에 따라서는 스톡홀름 국제평화연구소 숫자와 국제전략연구소 숫자가 크게 차이 나기도 하지만, 국제전략연구소가 발표한 같은 해 미국의 군사비는 597.5조 원으로 거의 완벽하게 일치한다.

미국에 이어 두 번째로 군사비를 많이 지출하는 나라는 중국이다. 단, 두 연구소 숫자에 큰 차이가 있다. 스톡홀름 국제평화연구소에 의하면 중국의 군사비는 215조 원인 반면, 국제전략연구소에 의하면 약 146조 원이다. 하지만 세계에서 두 번째라는 면에서는 다르지 않다. 군사비 3위는 의외의 국가다. 바로 들어가는 글에서 언급했던 사우디아라비아다. 스톡홀름 국제평화연구소에 의하면 사우디아라비아는 2015년에 군사비 87.2조 원을 썼다. 사우디아라비아 같은 나라가 군사비를 저토록 쓸 필요가 있는지는 생각해볼 문제다.

그 뒤를 이어 나올 만한 나라들이 줄줄이 나온다. 4위는 66.4조 원의 러시아, 5위는 55.5조 원의 영국, 6위는 51.3조 원의 인도, 7위는 50.9조 원의 프랑스, 8위는 40.9조 원의 일본이고, 9위는 39.4조 원의 독일이다. 한국은 36.4조 원으로 10위다. 한국 뒤로는 브라질, 이탈리아, 오스트레일리아, 아랍에미리트, 이스라엘 등이 줄 서 있다.

미국이 압도적으로 많은 군사비를 지출하는 이유 중 하나는 미국만이 보유하고 있는 첨단무기들의 하늘 높은 줄 모르는 가격 때문이다.

B-2 Spirit
B-2 스피릿
대당 약 2.1조 원

USS Zumwalt
스텔스 구축함 줌왈트
척당 4.4조 원

●●● 전 세계에서 가장 군사비를 많이 쓰는 나라는 미국이다. 미국이 이처럼 많은 군사비를 지출하는 이유 중 하나는 미국만이 보유하고 있는 첨단무기들의 하늘 높은 줄 모르는 가격 때문이다. 2015년 미국의 국내총생산에 대한 군사비 비율은 3.2퍼센트로 세계 평균보다 확실히 높다.

예를 들어, 미 공군 스텔스 폭격기 B-2 스피릿Spirit은 대당 가격이 무려 약 2.1조 원이다. 전 세계에서 유일한 대양해군인 미 해군의 무기들도 둘째가라면 서러울 정도로 비싸다. 가령, 2016년에 취역한 세계 최초 스텔스 구축함 줌왈트USS Zumwalt는 척당 가격이 4.4조 원이고, 기존 니미츠급을 대신해 2017년부터 취역하기 시작한 포드급 항공모함Ford-class aircraft carrier은 척당 가격이 개발비용을 포함해서 약 14조 원에 달할 전망이다. 항공모함에 탑재되는 함재기 등의 무기 가격은 물론 별도다.

국내총생산에 대한 군사비 비율이 꼭 어느 값이어야 한다는 법은 없다. 이는 각 나라의 군사적 소요와 재정적 부담 능력 등을 감안해 결정할 문제다. 그러나 유독 다른 나라들보다 비율이 높다면 그게 과연 지속 가능하냐는 질문은 지극히 자연스럽다. 대부분 나라에서 이 비율은 1퍼센트에서 2퍼센트 초반 사이에 있다. 앞에서 든 군사비 지출 상위 15개국 중에서도 9개국이 이 범위에 든다. 북한과 군사적으로 대치 중인 우리나라도 2.6퍼센트로 그렇게 높지는 않다. 우리나라

Ford-class aircraft carrier
포드급 항공모함
척당 약 14조 원

는 1980년대에 4~5퍼센트대였다가 1990년대 이후 하락해 현재 수준에서 유지되고 있다. 일본은 0.9퍼센트에 그치고, 다소 의외지만 중국은 1.9퍼센트에 불과하다.

2015년 미국의 국내총생산에 대한 군사비 비율은 3.2퍼센트로 세계 평균보다 확실히 높다. 사실, 원래는 이보다 더 높았지만 최근 많이 떨어진 편이다. 가령, 2010년에는 약 4.8퍼센트였고 1980년대 냉전 기간에는 5퍼센트에서 7퍼센트 사이였다. 세계 3위 군사비 지출 국가인 사우디아라비아는 국내총생산에 대한 군사비 비율이 무려 13.7퍼센트다. 6.1퍼센트인 아랍에미리트와 5.2퍼센트인 이스라엘도 정상이라고 말하기는 어렵다. 절대 금액은 적어도 이스라엘과 군사분쟁을 겪어온 요르단, 레바논, 시리아 등도 국내총생산의 상당 비율을 군사비로 쓰고 있다.

러시아의 2015년 국내총생산에 대한 군사비 비율은 5.2퍼센트로 꽤 높다. 2010년만 해도 약 2.8퍼센트에 그쳤는데 최근 들어 다시 많이 증가했다. 이 숫자만 봐도 러시아가 현재 전쟁에 준하는 상태에 있음을 알 수 있다. 2014년 우크라이나에 대한 군사 개입과 2016년 시리아 정부군을 돕고자 IS를 상대로 감행한 공습 등이 그 예다. 물론 냉전 기간에는 10퍼센트가 넘는 돈을 군사비로 썼다고 알려져 있다. 여담이지만, 미국의 전략방위구상SDI, Strategic Defense Initiative[1] 때문에 소련이 해체되었다는 설說이 존재한다. 그러나 좀 더 정확한 설은 소련이 1979년부터 10년 넘게 치른 아프가니스탄 전쟁에 기인하는 내부적 모순을 견디지 못하고 무너졌다는 것이다. 미국과 베트남전의 관계와 별로 다르지 않다.

그러나 국가가 지출하는 군사비와 국가 안보 사이의 관계는 생각보다 비선형적이다. 다시 말해, 군사비가 많고 적음에 의존해 예측한 전쟁의 승패는 그다지 신뢰도가 높지 못하다.

적정 군사비의 결정은 이론적으로는 쉽다. 경제학의 용어를 빌려 표현해보자면, 최선의 군사비는 "마지막 한 단위 돈을 군사비로 지출함으로써 얻을 수 있는 한계편익[2]이 그러한 돈을 민간부문에 사용하지 못함으로써 얻지 못한 한계비용[3]과 같은 군사비"다. 물론 실제로 이런 방식으로 적정 군사비를 구할 재간은 없다. 앞에서 언급한 한계편익과 한계비용이 구체적으로 얼마나 되는지 아는 사람이 아무도 없기 때문이다.

절대적 규모나 국내총생산에 대한 군사비 비율로 적정 군사비 문제

---

1 1980년대 미국의 대통령 로널드 레이건(Ronald Reagan)이 주도한 프로그램으로 소련 핵미사일을 우주에서 요격하겠다는 계획이었다. '별들의 전쟁' 프로그램이라고도 부른다.

2 단위를 더 소비하거나 판매함으로써 얻을 수 있는 추가적인 편익

3 단위를 더 구입하거나 생산하는 데 소요되는 추가 비용

를 바라보는 관행의 가장 큰 문제는 출력이 아닌 입력을 본다는 데 있다. 국가가 군사비를 쓰는 이유는 앞에서도 언급했듯이 전쟁 억제와 적 공격 격퇴라는 두 가지 목적을 위해서다. 그런데 조금만 생각해보면 얼마를 썼느냐가 중요한 게 아니라 얼마나 효과적인 억제력을 갖췄느냐가 중요하다는 것을 알 수 있다. 똑같은 10조 원이라는 돈도 어떻게 쓰냐에 따라 군대의 전투력은 천양지차로 달라질 수 있다. 오직 군사비만 따지는 것은 그러한 차이가 없다는 주장과 다를 바 없다.

한정된 군사예산을 각 군별로 어떻게 나눠야 최선인가도 위 논의의 연장선상에 있다. 오랜 역사와 전통을 갖고 있는 육군과 해군, 그리고 상대적으로 역사가 짧은 공군 사이에 존재하는 경쟁 관계는 무척이나 치열하다. 미국을 예로 들자면, 여기에 더해 미국 독립전쟁 때부터 활약했던 해병대도 경쟁자 중 하나다. 미 해병대는 자체 지상전투부대와 항공전투부대를 보유하고 있어서 '미국의 두 번째 육군', 그리고 '미국의 세 번째 공군'이라고도 불린다. 미국 의회는 기존 3군의 관료주의적 행태를 견제하는 차원에서 해병대에게 독자적인 지위와 예산을 부여하고 있다. 단적으로, 2016년 현재 미국 합참의장은 미 해병대장 조셉 던포드Joseph F. Dunford Jr.다.

역사적으로 제2차 세계대전 이후에 있었던 미국-소련 간 냉전을 제외하면 대부분 군비경쟁은 해군 간 군비경쟁이었다. 다시 말해, 해군이 자본집약적이라면 육군은 노동집약적이다. 물론 바다가 없는 나라라면 해군에 돈을 쓸 리는 없다. 공군은 자본집약적이기보다는 대체로 기술집약적이다. 그러나 무기 획득비용이 증가하는 추세는 3군 모두에게 공통적이다. 이는 현대 민주국가들이 군대 병력 규모를 마

●●● 오랜 역사와 전통을 갖고 있는 육군과 해군, 그리고 상대적으로 역사가 짧은 공군 사이에 존재하는 경쟁 관계는 무척이나 치열하다. 육군이 노동집약적이라면 해군은 자본집약적이고 공군은 대체로 기술집약적이다. 그러나 무기 획득 비용이 증가하는 추세는 3군 모두에게 공통적이다. 이는 현대 민주국가들이 군대 병력 규모를 마음대로 키울 수 없는 제약에 상당 부분 기인한다. 한정된 군사예산을 각 군별로 어떻게 나눠야 최선인가?

음대로 키울 수 없는 제약에 상당 부분 기인한다.

군사비는 기본적으로 두 항목으로 분류할 수 있다. 하나는 인력에 대한 비용이고, 다른 하나는 무기를 포함한 장비에 대한 비용이다. 어느 쪽이 더 클까? 예상외로 전자가 반을 넘는 경우가 일반적이다. 대부분 국가에서 인력비용은 전체 군사비의 50~75퍼센트에 달한다. 바꿔 얘기하면 무기 등에 대한 획득비용은 채 반이 되지 않는다는 뜻이다. 인력비용은 이른바 경직성이 있어 쉽게 줄지 않는다. 이를 줄이려면 군인들 월급을 깎거나 혹은 군인 수를 줄여야 한다. 둘 다 쉽지 않음은 두말할 나위가 없다.

액면 그대로 놓고 보면 직업군인으로 군대를 구성하는 지원병제보다 적정연령의 남녀 국민을 의무적으로 징집하는 징병제가 국가가 지

출하는 군사비 관점에서 유리해 보인다. 짐작할 수 있듯이 징병제를 시행하는 국가의 군인 월급은 모병제를 채용한 국가의 직업군인 월급보다 많이 적다. 예를 들면, 2010년 기준 이스라엘은 10~13만 원, 중국은 8.2만 원, 터키는 3.2~12.6만 원이다. 한국군의 경우도 2010년 사병 월급이 약 7~10만 원이었다가 그 후 지속적으로 올라 2018년 기준 약 40만 원이 되었지만 여전히 갈 길은 멀다. 반면, 2016년 기준 지원병제인 미 육군은 제일 계급이 낮은 프라이빗Private조차도 기본월급이 약 180만 원이다.

지원병으로 구성된 군대와 의무병으로 구성된 군대 중 어느 쪽이 전투력 관점에서 더 효과적인가는 중요한 질문이다. 지원병 쪽의 전문성이 높아 더 효과적이라는 주장도 있고, 지원병이라고 하더라도 일반 사기업에 비해 연봉이 낮은 현실을 감안하면 인적 자원이란 면에서 오히려 의무병 쪽이 더 낫다는 주장도 있다. 전투력에 결정적인 차이가 있지 않다면 국가 관점에서 징병제가 갖는 장점을 부인하기는 어렵다. 앞에서도 언급했듯이 국방은 공공재기에 배경이나 재산에 따른 차별 없이 모든 국민이 의무를 수행하는 게 이치에 맞다.

군사비에 대해서 대부분 국가들은 예산과 지출만 관리한다. 작년에 얼마를 썼으니까 금년에도 최소 얼마는 써야 한다는 식이다. 무기는 장비로서 시간이 갈수록 노후화되고 또 테크놀로지 관점으로도 도태되기 십상이다. 그렇기에 전력을 현대화하는 작업은 물론 필요하다. 하지만,일정 규모 지출을 당연시하는 태도는 주먹구구에 가깝다.

영국 사례는 이런 면에서 귀감이 될 만하다. 다른 모든 나라들이 하듯 영국도 매년 군사예산과 지출을 통제한다. 하지만 더 중요하게는 영국군이 가진 모든 전투자산을 실제 가치 관점에서 관리한다. 쉽게 말해 전투기 몇 기, 전차 몇 대, 군함 몇 척을 나열하는 데 그치지 않고 각 무기체계들의 유효수명과 잔존가치 등도 시장 가격 관점으로 파악해 제시하고 있다. 회계 용어를 빌려 표현하자면 현금흐름만 관리하는 게 아니라 군사적 재무상태표를 작성한다는 의미다.

국가와 국민 관점에서 군사비를 바라보는 마지막 주제는 이른바 PMC^Private Military Company, 즉 민간군사기업이다. 민간군사기업은 글자 그대로 국가가 운영하는 군대가 아니면서도 군대와 유사한 기능을 수행하는 민간 회사다. 이러한 회사를 설립한 목적은 말할 필요도 없이 영리다. 즉, 돈을 벌기 위해 무력을 행사하는 셈이다. 주요 업체로 블랙워터^Blackwater, 딘코프^DynCorp, 콘트롤 리스크스^Control Risks, 이지스 디펜스 서비시스^Aegis Defence Services, 비넬^Vinnell Corporation 등이 있다.

민간군사기업은 기지 경비나 현지 병력 훈련 등에서 비롯되었다. 가령, 이지스 디펜스 서비시스는 2004년 2,930억 원에 이라크 재건을 위한 경비 계약을 체결했고, 비닐은 1998년 사우디아라비아군을 5년 동안 훈련시키는 계약을 8,310억 원에 맺었다. 사실, 민간군사업체가 수행하는 비즈니스는 경비나 훈련 같은 수동적인 임무에만 한정되지 않는다. 예를 들어, 영국 샌들라인 인터내셔널Sandline International과 현재는 해체된 남아프리카공화국 이그제큐티브 아웃컴스Executive Outcomes와 같은 업체는 전투 임무도 직접 수행했다.

이그제큐티브 아웃컴스가 과거에 수행한 임무들을 좀 더 구체적으로 살펴보자. 1994년 이 회사는 내전 중인 앙골라 정부와 계약을 맺고 반군과 전투를 벌였다. 앙골라는 무려 14년간 독립전쟁을 벌인 끝에 포르투갈로부터 1975년 독립하는 데 성공했지만, 이내 제1당과 제2당 사이에 내전이 벌어져 2002년까지 내전 상태가 27년간 지속되었다. 당시 소련이 지원하는 제1당은 정부군을, 미국이 지원하는 제2당은 반군을 지배했다. 즉, 이들은 미소 간 냉전의 대리전쟁을 치른 셈이었다.

1995년 이그제큐티브 아웃컴스는 이번에는 시에라리온의 수도인 프리타운Freetown을 방어하는 대가로 350억 원을 받고 22개월간 임무를 수행했다. 나중에 상황이 호전되자 이그제큐티브 아웃컴스는 철수하고 국제연합군이 그 역할을 대신했다. 그런데 국제연합군의 주둔비용을 나중에 확인해보니 8개월간 470억 원이 들었다. 이 사례는 이후 두고두고 민간군사기업이 비용 관점에서 효과적이라는 증명으로 자주 제시되었다. 이그제큐티브 아웃컴스는 1998년 1,000억 원을 줄 테니 나이지리아 정부를 전복시켜달라는 제안을 받기도 했다. 결국은 거절했는데, 그해 말 불분명한 이유로 이그제큐티브 아웃컴스는 해산

되었다.

현재 민간군사기업의 가장 큰 고객은 바로 미군이다. 가령, 2003년 이라크 침공 시 미군 10명당 1명의 민간군사업체 병력이 투입되었다. 1991년 걸프전 때 비율인 100명당 1명에서 10배가량 증가된 셈이다. 2003년 미국-이라크전에는 무려 1만 명이 넘는 민간군사기업 병력이 참전했다. 혹자는 2003년 미국-이라크전을 두고 '최초의 민간군사기업 전쟁'이라고 부르기도 한다.

전 세계 민간군사업체들의 연간 매출총액은 대략 100조 원에 달한다. 이들의 매출이 높은 이유는 수요가 많은 탓도 있지만, 보다 근본적으로는 군사 서비스를 제공하는 1인당 용역비가 상당히 높기 때문이다. 예를 들어, 콘트롤 리스크스에서 사병 1명을 고용하려면 매달 1,500만 원을 지불해야 한다. 이 금액을 경험 많은 하사관들이 받는 약 400만 원의 월급과 비교해보면 그 차이는 확연하다.

자신들이 비용 측면에서 장점이 많다는 민간군사업체들의 주장은 그래서 설득력이 떨어진다. 이들에게 지급되는 돈이 점점 불어나자 미 의회 회계감사원은 이 문제를 감사한 후 결코 비용 효율적이지 못하다는 보고서를 냈다. 이들의 존재는 마땅히 공적 군대가 수행해야 할 일을 돈 버는 수단으로 둔갑시킨다는, 다시 말해 국방을 사기업화·영리화한다는 비판을 면할 길 없다. 한마디로 이들은 돈 받고 싸우는 용병이다. 국제연합은 용병 고용을 금지하는 용병협약을 2001년 맺었다. 아이러니하게도 미국, 러시아, 영국, 중국, 프랑스, 인도와 같은 군사강국들은 이 협약 조인을 하나같이 거부하고 있다. 조인을 거부한 나라 중에는 일본도 있다.

로마는 도시국가 시절 징병제를 운영하다가 제국이 된 후 모병제와 용병 활용으로 방침을 바꿨다. 이는 결국 로마의 패망으로 귀결되었다. 모병제 군대와 용병들이 로마에 충성하기보다는 권력과 사적 이익을 추구했기 때문이었다. 아무리 생각해봐도 이들에 의해 제공되는 안보는 국민을 위한 안보와는 다를 것 같다.

CHAPTER 2
돈을 벌고 싶은 방위산업체와
권력을 유지하고 싶은 군부

● 『전쟁의 경제학』에서도 얘기한 적이 있지만, 국방부와 재무부 사이 갈등의 골은 깊고도 깊다. 깊을 수밖에 없다. 국방부는 보다 더 많은 최신 무기를 원한다. 노골적으로 얘기하자면 그래야 자신들의 지위와 권력을 유지할 수 있다. 반면, 재무부는 국가 예산을 책임지고 있기에 국방부가 원한다고 다 허락해줄 수는 없다. 미국이나 영국 같은 경우는 재무부보다 의회 회계감사원이 더 핵심적이다. 예산 낭비가 있었다는 보고서가 나오면 의회는 군사비 감액도 불사한다. 결국 칼자루를 쥔 쪽은 돈줄을 쥐고 있는 의회다.

어떠한 근거에서건 군사비가 결정되었다고 할 때, 이제 그 돈을 어디에 쓰느냐가 문제다. 예산이 늘었다고 갑자기 병력을 더 뽑거나 병사 월급을 올리는 일은 거의 없다. 바뀌는 부분은 무기획득비용이기 마련이다. 이러한 무기 획득은 탱고 춤과 흡사하다. 무슨 말인고 하니, 무기를 원하는 군부와 무기 팔기를 원하는 방산업체 둘이 만나서 벌이는 끈적한 관계라는 얘기다. 탱고를 춰본 사람은 알겠지만 빙빙 돌다 보면 누가 누굴 돌리는 건지 스스로도 헷갈린다. 경제학적 용어로 표현하자면, 군부의 수요와 방산업체의 공급으로 형성된 무기시장이 이들의 무대다.

군수산업, 병기산업 혹은 전쟁산업으로도 불리는 방위산업은 한 나라의 국방 관점에서 실로 중요하다. 왜냐하면 자국 내에 독자적인 방산업체가 없으면 국가방위 능력에 심각한 제약이 가해질 수 있기 때문이다. 일례로, 4차 중동전 때 전차포탄과 폭탄 그리고 공대지미사일 소모가 워낙 격심해 이스라엘군은 거의 붕괴 직전까지 몰렸다. 이때 미국이 니켈 그라스 작전Operation Nickel Grass을 통해 탄약을 지원해준 결과 살아날 수 있었다. 이집트군과 시리아군도 당시 소련이 무기 지원을 하지 않았다면 이스라엘군 상대로 그 정도까지 선전하기 어려웠다. 2차와 3차 중동전 때 이스라엘의 압승도 프랑스가 무기를 적극적으로 공급해준 덕을 많이 봤다. 이들 전쟁의 교훈을 바탕으로 무기 국산화에 전력을 다해온 결과, 이스라엘은 현재 탄탄한 자국 방산업체를 거느리고 있다.

한 나라의 국방에 직접적으로 관련된 방산업체들을 이른바 방위산업기반이라고 부른다. 전시에 수행하는 역할로 인해 이들은 일반기업과는 다르게 취급되는 특수한 존재다. 가령, 전시에 이들 방위산업기반은 적이 노리는 주요 공격목표 중 하나다. 무기와 탄약이 바닥나면 제아무리 용맹한 군대도 싸울 재간이 없다.

실제로 전면전이 벌어지면 국가는 원활한 무기 생산에 온 자원을 쏟아붓는다. 가령, 제2차 세계대전 중인 1944년 영국에서는 제조업

●●● 군수산업, 병기산업 혹은 전쟁산업으로도 불리는 방위산업은 한 나라의 국방 관점에서 실로 중요하다. 왜냐하면 자국 내에 독자적인 방산업체가 없으면 국가방위 능력에 심각한 제약이 가해질 수 있기 때문이다. 2012년 전 세계 방위산업체 총매출은 1,800조 원 정도인 반면, 국제 무기거래는 80조 원을 약간 넘어 5퍼센트가 안 되었다. 즉, 기본적으로 방위산업은 내수 기반의 비즈니스다. 하지만 최근 국제무기시장의 중요성은 지속적으로 커지고 있다.

노동력 중 66퍼센트가 무기 생산에 종사했고, 미국은 59퍼센트였다. 그러나 단지 인력만 모아놓는다고 될 일은 아니다. 자국 방위산업기반에 숙련된 엔지니어들과 축적된 노하우가 있지 않는 한 단시간 내에 극복될 일이 아니다. 그렇기에 제대로 된 방위산업기반 육성에는 적지 않은 시간이 걸린다. 실제로 미국, 독일, 일본, 러시아, 중국 등 국가들은 보호무역을 통해 자국 방산업체를 적극적으로 키워왔고 또 지금도 그렇다.

한편, 21세기 들어서 이전과는 다른 움직임도 감지된다. 즉, 한 국가와 흥망을 같이하는 운명공동체 신세였던 방산업체가 인수합병 등을 통해 다국적기업으로 변모 중이다. 다국적기업화되면 확실히 이전보다는 국가의 통제를 만만히 본다. 만성적인 재정 부족에 시달리는 국가들도 자국 방위산업기반 유지에 대해 예전보다 느슨해졌다.

가령, 영국은 가장 결정적인 네 가지 무기체계에 대해서만 기밀 유지와 독자적 개발 능력 보유를 규정하고 나머지는 포기했다. 그 네 가지는 핵무기, 암호 테크놀로지, 생화학무기, 그리고 군함이다. 앞 세 가지는 이해가 되지만 사실 네 번째 항목인 군함은 과거 영화롭던 시절에 대한 향수에 가깝다. 러시아만 해도 2010년 프랑스 해군 현용 제식무기인 미스트랄급 강습상륙함Mistral-class amphibious assault ship을 최대 4척 구매한다고 발표했다. 이는 러시아가 기존에 고수하던 무기체계 자급자족 원칙을 포기했다고 해석할 만한 일이었다. 그러다 2014년 러시아-우크라이나 전쟁이 벌어지면서 프랑스는 러시아에게 받은 돈을 돌려주고는 군함 인도를 거부했다. 이미 완성된 2척은 이집트가 대신 사갔다.

알고 보면 방산업체에는 또 다른 얼굴이 있다. 바로 전쟁을 수출하는 '죽음의 상인'의 이미지다. 사실, 국가 간 무기 거래는 전 세계 방위산업 매출의 매우 작은 부분에 불과하다. 스톡홀름 국제평화연구소에 의하면 2012년 전 세계 방위산업체 총매출은 1,800조 원 정도인 반면, 국제 무기 거래는 80조 원을 약간 넘어 5퍼센트가 안 되었다. 즉, 기본적으로 방위산업은 내수 기반의 비즈니스다. 하지만 최근 국제무기시장의 중요성은 지속적으로 커지고 있다.

무기 수출을 가장 많이 하는 세 나라는 미국, 러시아, 중국이다.

Lockheed Martin F-35C Lightning II

Boeing C-17

BAE Systems Maritime - Submarines HMS Ambush

●●● 2013년 매출액 기준으로 세계에서 제일 큰 방산업체는 미국의 록히드 마틴이고, 이어 보잉, BAE 시스템스, 레이시온, 노스럽 그러먼, 제너럴 다이내믹스 등이 그 뒤를 잇는다. 방산부문 매출액이 못해도 20조 원에 육박하는 이들 상위 6개사 중 BAE 시스템스를 제외한 5개사가 미국 회사다.

2014년 기준으로 미국이 10이라면, 러시아는 6, 중국은 2다. 그 밑으로 영국, 프랑스, 독일, 이스라엘이 대략 중국의 반 정도를 수출한다. 이 상대적인 크기는 실제로 거래된 금액을 합산한 값은 아니다. 잠시 후에 다시 얘기하겠지만 무기 수출은 어떤 식으로든 직간접적인 경제적 지원을 수반하는 경우가 다반사다. 아예 한 푼도 받지 않고 무기를 그냥 공급해주는 경우도 있다. 물론 세상에 공짜는 없어서 무기를 공급해주는 쪽은 뭔가 다른 이익을 바란다.

매출액 기준으로 세계에서 제일 큰 방산업체는 어디일까? 바로 미국의 록히드 마틴Lockheed Martin이다. 2013년 기준 민수부문까지 포함한 매출액이 45.5조 원으로, 그중 35.5조 원이 방산부문 매출액이다. 이어 보잉Boeing, BAE 시스템스BAE Systems, 레이시온Raytheon, 노스럽 그러먼Northrop Grumman, 제너럴 다이내믹스General Dynamics 등이 그 뒤를 잇는다. 방산부문 매출액이 못해도 20조 원에 육박하는 이들 상위 6개사 중 BAE 시스템스를 제외한 5개사가 미국 회사다.

무기 수입을 많이 하는 나라들도 이 나라들일까? 그렇지 않다.

Raytheon
Tomahawk Cruise Missile

Northrop Grumman
RQ-4 Global Hawk

General Dynamics
F-16 Fighting Falcon

2016년 기준 세계 최대 무기수입국은 2.6조 원을 수입한 인도다. 그 뒤를 이어 사우디아라비아가 1.6조 원으로 2위, 인도네시아가 1.2조 원으로 4위, 그리고 1조 원을 약간 넘는 베트남, 대만, 아랍에미리트 가 그 뒤를 잇고 있다. 1.4조 원을 수입한 3위 중국은 수출도 많이 한 다는 면에서 예외적 존재다. 사실, 상위 수입국은 매년 조금씩 바뀐다. 가령, 1999년에 1위는 사우디아라비아였지만 2위, 3위는 각각 터키 와 일본이었다. 하지만 선진국으로부터 나머지 국가로 무기가 흘러가 는 패턴은 변함이 없다.

국제 무기 거래 방식은 크게 보아 회사 대 회사로 거래하는 상업적 직판매와 국가 대 국가로 거래하는 외국군사판매로 나뉜다. 전자에는 대개 이른바 절충교역이 따라 붙으며, 후자도 직접적인 자금 지원이 흔하다. 절충교역은 무기수출국이 무기수입국으로부터 다른 물건을 수입하거나 혹은 무기수입국 현지에서 무기를 직접 생산하는 경우를 가리킨다. 이론적으로 절충교역은 무기 수입으로 인해 무기수입국이 지는 경제적 부담을 상쇄시켜준다.

자금 지원도 목표는 마찬가지다. 가령, 1996년 터키가 미국과 맺은 총 4.3조 원 규모에 달하는 전투기 F-16 구매 계약을 예로 들어보자. 이때, 미국은 지원금과 대출의 형태로 3.2조 원을 제공했다. 미국은 평균적으로 매년 5조 원 정도 돈을 지원금으로 뿌린다. 지원금을 많이 받는 나라로는 약 2조 원을 받는 이스라엘과 약 1조 원을 받아가는 이집트가 있다. 한마디로 국제 무기 거래에서 국가와 군부의 역할은 지대하다.

세계무역기구WTO, World Trade Organization는 국제 무기 거래에 대해서 어떤 입장일까? 국제 무기 거래도 세계 무역의 일종이니 세계무역기구의 소관사항일 듯싶지만 그렇지 않다. 세계무역기구와 유럽연합EU, European Union은 명시적으로 자신들의 규정에서 무기 거래를 배제하고 있다. 즉, 자신들이 관여할 바가 아니라며 발을 뺐다는 얘기다. 민간 무역에 세계무역기구라는 하나의 단체가 있다면, 무기 거래에는 무려 4개의 단체가 존재한다. 재래식 무기에 대한 바세나르 체제Wassenaar Arrangement, 생화학무기에 대한 호주 그룹Australia Group, 핵무기에 관한 핵공급국 그룹Nuclear Suppliers Group, 그리고 미사일에 대한 미사일기술통제체제Missile Technology Control Regime가 그들이다. 국제 무기 거래가 얼마나 특수한 그들만의 거래인지를 짐작해볼 수 있다.

통상적인 회사 입장에서 보면 방위산업은 그렇게 매력적인 산업이 아니다. 우선, 방위산업시장은 생각보다 작다. 가령, 2001년 미국 전체 방산업체 매출은 대략 100조 원인 반면, 같은 해 미국 제약시장은 228조 원, 식음료시장은 491조 원, 자동차시장은 600조 원 등이다. 방위산업은 이익률 또한 그렇게 안정적이지 않다.

예를 들어, 1993년 프랑스 방산업체 지아트GIAT는 전차 르클레르Leclerc 463대를 아랍에미리트에 3.4조 원에 팔기로 계약했다. 그러나 이로 인해 지아트는 결과적으로 1.2조 원의 손실을 입었다. 보다 못한 프랑스 정부는 헐값 판매를 금지시켰다. 지아트는 2006년 넥스터 시스템스^{Nexter Systems}로 이름을 바꿨다가 2015년 독일의 방산업체 크라우스-마페이 베그만^{KMW, Krauss-Maffei Wegmann}과 합병하여 칸트 프로젝트^{KANT project}가 되었다.

방위산업이 경제학적으로 흥미로운 이유는 그 규모나 이익률이 아니라 작동방식이 워낙 남다르기 때문이다. 우선, 방위산업시장은 독점 수요자와 과점 공급자로 구성된다. 수요자와 공급자가 독점 혹은 과점이라면 완전경쟁과 가격기구에 기반을 둔 수요-공급법칙이 설 자리는 없다. 수요자가 독점인 이유는 해외수출에 대해서도 국가가 직접 브로커로서 개입하기 때문이다.

또한 공급자 간 경쟁도 극히 제한적이다. 설혹 2, 3개 회사가 경쟁하더라도 무기 프로그램이 확정되고 나면 독점 공급자로 변한다. 요즘은 군사예산상 제약과 개별 프로그램의 막대한 비용으로 인해 오직 소수의 프로그램만 선택되는 경향이 있다. 이 때문에 이른바 '잔치를 벌이거나 혹은 굶어 죽거나' 하는 현상이 발생한다. 즉, 그중 하나에 들지 못한 방산업체는 대개 문을 닫거나 국가의 주선에 의해 다른 업체에게 인수된다.

한편으로, 군부는 완전한 독점 공급자의 출현을 막으려고 한다. 왜냐하면 독점 공급자가 된 방산업체는 군부의 말을 잘 안 듣기 때문이다. 이는 방위산업뿐만 아니라 모든 산업에 공통적인 사항이다. 독점 공급자 지위는 자본의 로망이며 궁극의 목표다. 자본에 전적으로 포획된 입장이 아니라면 군부는 국가를 통해 개발비 보조, 대출과 보증, 시설 및 부지 제공, 세금 혜택, 때에 따라서는 전략적인 계약 부여 등을 통해 최소 두 곳의 동종 방산업체를 유지하려고 든다.

그러나 이마저도 완벽하지는 않다. 번갈아 계약을 수주하게 되면 방산업체들은 충분히 수지를 맞출 수 있기 때문이다. 군부도 과점화된 방산업체의 출현이 싫지는 않다. 몇 개의 초대형 방산업체를 통해 군부는 더 큰 사회적 영향력을 누린다. 결국에는 군부와 방산업체가 거의 한 몸이나 다름 없는 이른바 '군산복합체'가 등장한다.

이 특징들을 감안하면 한 가지 사실이 분명해진다. 바로 무기시장은 완전히 경쟁적일 수 없으며, 가격이 다른 시장보다 덜 중요하다는 점이다. 내수시장은 수요자가 하나뿐이라 경쟁이 아예 없다. 수출시장은 다른 나라 방산업체와 경쟁하기는 하지만 보조금이나 절충교역 혹은 심지어 뒷돈의 존재로 인해 가격의 의의는 없다시피 하다.

다시 말해, 방위산업에서 정보의 비대칭성으로 인한 문제는 매우 심각하다. 정보의 비대칭성이란 시장에서 구매자는 판매자만큼 자신이 사는 물건에 대해 알 수 없다는 의미다. 쉽게 말해, 뒤통수를 얻어맞거나 바가지를 쓰기 마련이라는 얘기다. 정보의 비대칭성을 갖는 시장이 스스로 이를 해소할 방법은 없다. 불완전하게나마 의회나 공적 기관의 개입만이 이러한 비대칭성을 줄일 수 있다.

좀 더 구체적으로 얘기하면, 정보의 비대칭성에는 두 가지가 있다. 하나는 역선택이다. 예를 들어보자. 국가가 제시한 금액으로는 새로운 무기를 개발할 수 없다고 대부분 방산업체들이 생각한다고 해보자. 따라서 양심적인 업체들은 계약에 응찰하지 않는다. 문제는 몇몇 비양심적 업체들이 보이는 행태다. 이들은 계약을 따내기 위해 무턱대고 낮은 금액을 제시한다. 결국 가장 무모한 업체가 계약을 따낸다.

물론 나중에 보면 계약된 금액으로 개발되는 경우는 없다. 거의 언제나 실제 비용은 계약금액을 초과한다.

하지만 방위산업기반을 망하게 내버려둘 수는 없다는 논리에 의해 국가는 애초에 계약된 금액보다 더 많은 돈을 지불하고 만다. 방산업체는 대부분 계약을 비용-플러스 방식으로 맺기에 실제로 당초 수주할 때 제시한 가격보다 비용이 더 들어도 손해보지 않는다. 오히려 각종 비용이 추가될수록 자신들 이익이 커지는 구조니 개발비용을 낮출 아무런 유인이 없다. 한두 번 이런 일이 반복되고 나면 양심적인 업체들은 이미 모두 망한 뒤다.

또 다른 정보의 비대칭성은 바로 도덕적 해이다. 이는 방산업체보다는 군부의 문제다. 군대는 국가를 방위하라는 임무를 국민과 국가로부터 받았다. 즉, 국민이 주인이라면 군대는 대리인이다. 그런데 군부가 국가의 이익을 극대화하지 않고 자신들의 사적 이익을 쫓는다면 이는 바로 도덕적 해이의 전형적인 상황이다. 사병은 줄었는데 장군의 수가 그대로라든지, 장군 의전에 과도한 비용을 지출한다든지, 혹은 별로 필요 없는 무기를 구매한다든지 하는 게 대표적인 예다.

여기에 방산업체들의 뇌물 문제까지 더해진다. 일례로, 영국의 BAE 시스템스는 2007년 사우디아라비아 왕자에게 1,120억 원을 주었다가 발각되었다. 세계 10위권인 이탈리아 방산업체 핀메카니카Finmeccanica는 2010년 5,600억 원 규모의 아우구스타웨스트랜드AgustaWestland 헬리콥터 판매 계약을 따내기 위해 인도 공군 참모총장 측에 뇌물을 제공했던 게 밝혀졌다. 핀메카니카 최고경영자는 결국 이에 대한 책임을 지고 물러났다.

●●● 록히드는 네덜란드 공군이 미라주(Mirage) 5 대신 록히드 F-104를 구입하도록 네덜란드 베른하르트(Bernhard) 공에게 당시 돈으로 수백억 원이 넘는 뇌물을 주었다. 사진은 1976년 8월 26일 '록히드 사건'이 터지자 이탈리아 방문 중에 급히 귀국한 베른하르트 공과 율리아나(Juliana) 여왕 부부의 모습이다. 많게는 수천억 원에 달하는 뇌물을 방산업체가 뿌리는 이유는 계약을 따내고 나면 들인 뇌물 이상으로 뽑아낼 수 있기 때문이다.

이런 쪽의 고전적 사례는 록히드Lockheed가 1950년대 후반부터 20년 가까이 일본과 이탈리아의 정치인, 그리고 네덜란드 여왕 남편에게 당시 돈으로 수백억 원이 넘는 뇌물을 준 일명 '록히드 사건Lockheed bribery scandals'이다. 이 사건으로 일본 수상과 이탈리아 대통령이 물러났고, 네덜란드 여왕 남편은 네덜란드 정부의 조사에 대해 "나는 이런 것 위에 있다"고 뻔뻔스럽게 대답하다가 구속되었다. 많게는 수천억 원에 달하는 뇌물을 방산업체가 뿌리는 이유는 계약을 따내고 나면 들인 뇌물 이상으로 뽑아낼 수 있기 때문이다. 이런 모든 사항들을 감안하면 알려진 무기 가격이 합리적이라고 기대하는 것은 우물에서 숭늉 찾는 격이다.

실제로 무기의 최종 가격은 개발 전 예상 단가보다 한참 높은 걸로 악명이 높다. 미국의 경우, 항공기와 전투차량 개발비는 평균적으로 예상보다 70퍼센트가 높다. 예상 대비 실제 비용 상승이 평균적으로는 제일 낮은 편이라는 군함도 16퍼센트가 더 든다. 좀 더 구체적으로, 미 육군 헬리콥터 UH-60 블랙 호크$^{Black\ Hawk}$ 1,235대의 업그레이드 예상 비용은 약 19조 원이었지만 실제로는 24조 원 넘게 들었다. 또한 미 공군 무인정찰기 글로벌 호크$^{Global\ Hawk}$ 50대의 비용도 8.1조 원에서 9.7조 원으로 올라갔다. 미 해군도 공격용 원자력잠수함 버지니아급$^{Virginia-class}$ 30척에 대해 64조 원 정도를 예상했지만 실제 가격은 약 92조 원으로 판명되었다.

지금부터는 미국 합동타격전투기$^{JSF,\ Joint\ Strike\ Fighter}$ 획득 사례를 다뤄보려 한다. 위에서 언급한 여러 이슈들이 이 사례에서 어떻게 나타나는지 잘 살펴보도록 하자.

합동타격전투기 개발은 야심 찬 프로그램이었다. 크게 세 가지 목표를 지향했는데, 첫째, 해군과 공군 그리고 해병대가 공통적으로 사용 가능하면서도 동시에 범위의 경제를 통해 각 군 모두 만족할 만한 성능을 가질 것, 둘째, 미군을 위해 먼저 만들고 나중에 구식이 되면 다른 나라에 파는 게 아니라 처음부터 동시에 여러 나라에서 생산해 사용할 수 있도록 할 것, 셋째, 경제적인, 즉 너무 비싸지 않을 것이었다.

사실 알고 보면 첫 번째와 두 번째 목표도 궁극적으로는 세 번째 목표에 종속되었다. 왜냐하면 각 군이 각자 전용 전투기를 개발하는 쪽보다 미 국방부 주도로 하나만 개발하는 편이 더 경제적이라고 여겼기 때문이다. 또한, 여러 나라에서 동시에 생산해 규모의 경제를 갖추면 전투기 가격을 낮추는 데 도움이 될 것이라 봤다. 1990년대 중반에 시작된 이 프로그램은 미군 전투기 역사상 값싼 가격을 요구조건 중 하나로 규정한 최초 사례였다. 그 이전까지는 성능, 속도, 무장탑재 능력, 생존성 등만을 규정할 뿐이었다.

그러나 요구사항이 제각기 다른 해군, 공군, 해병대를 동시에 만족시키는 일은 애초부터 쉽지 않은 과업이었다. 엔지니어링 관점에서 불가능할 이유는 없지만, 그 과정에서 개발비와 생산비가 도로 올라가버렸다. 가령, 해군은 쌍발 엔진과 대용량 연료탱크를 갖춘 복좌 전투기를 원한 반면, 공군은 단발 엔진과 스텔스 성능을 갖춘 단좌 전투기를 원했다. 해병대는 단발, 단좌, 스텔스기를 원한 건 공군과 같았지만 수직이착륙 능력이 없으면 절대로 안 된다고 못을 박았다. 게다가 보유 항공모함 크기가 작은 영국 해군은 어떻게든 전투기 크기를 좀더 줄이기를 원했다.

처음에 미 국방부는 노스럽 그러먼, 맥도넬 더글러스McDonnell Douglas, 보잉 그리고 록히드 마틴의 4개사에 각각 초기개발비 300억 원을 주고 이 돈만으로 개념 디자인을 제시하라고 요구했다. 스텔스 전투기 F-22 랩터Raptor 때 고배를 마신 대신 스텔스 폭격기 B-2 스피릿Spirit 계약을 따낸 노스럽 그러먼은 자신들이 최종 선정될 가능성이 낮다고 보고 처음부터 별로 열의가 없었다. 맥도넬 더글러스는 미 국방부가 고작 600대를 필요로 하는 미 해병대 때문에 합동타격전투기의 경제성을 망치지는 않을 것이라는 도박적 판단 아래 수직이착륙 성능을 아예 무시했다. 그러나 미 해병대는 미 하원과 특별한 관계에 있었다. 결국 1996년 맥도넬 더글러스와 노스럽 그러먼은 공식적으로 탈락했다.

최종후보가 된 보잉과 록히드 마틴은 1998년부터 1999년까지 각각 1조 원이 넘는 추가 개발비를 받았다. 그 돈으로 시제기 2대를 만들어야 했다. 보잉이 택한 수직이착륙 방식은 기존 해리어^{Harrier}에 채택된 방식과 유사해 불확실성은 적었지만 추력을 조절하는 데 어려움이 있었다. 록히드 마틴은 검증된 적 없는 리프트-팬^{lift-fan} 개념으로 보잉이 골치 아파했던 항공모함 갑판을 불태우는 문제를 피해갔다. 2001년 6월 24일, 두 회사는 모두 수직이착륙 시험을 성공적으로 마쳤다.

이 즈음에 합동타격전투기 프로그램에 새로운 위기가 닥쳐왔다. 대부분 무기 개발 프로그램은 사용 주체인 각 군과 해당 무기가 생산될 주 의원들의 강력한 지지를 필요로 한다. 그래야 중도 취소를 면하고 끝까지 진행될 수 있기 때문이다. 가령, F-18 호넷^{Hornet}의 경우 와이오밍을 제외한 미국 모든 주에서 하다못해 부품 하나라도 생산된다. 그런데 합동타격전투기는 영국과 유럽과도 연계되어 있어서 오히려 미국 내 지지는 약했다. 단적으로, 약 반수에 불과한 주만 프로그램 지속을 지지하는 웃지 못할 상황이 전개되었다.

보잉과 록히드 마틴 중 좀 더 절박한 쪽은 록히드 마틴이었다. 왜냐하면, 보잉은 여객기 등 민수 부문 매출이 더 커서 이걸 못 따내도 여력이 있었다. 반면, 록히드 마틴은 군수 부문에 대한 의존도가 80퍼센트 정도로 다각화가 덜 되어 있었다. 게다가, 전투기 F-16 생산공장인 포트 워스^{Fort Worth}를 1993년에 인수했던 록히드 마틴으로서는 이번 계약을 놓쳤다가는 부품업체로 전락할 가능성도 컸다.

2001년 겨울 최종 승자로 선택된 업체는 록히드 마틴이었다. 합동타격전투기의 단일 생산업체로서 25년간 대략 6,000대의 생산을 확보한 셈이었다. 이를 통해 거둘 수 있는 기본적인 매출은 200조 원에 달할 것으로 예상되었다. 이러한 예상 매출은 300억 원 초반대로 추정된 대당 가격을 바탕으로 한 것이다. 6,000대라는 물량은 미군과 영국군 주문을 합쳐서 약 3,000대, 그리고 나머지 국가들의 예상 주문 3,000대를 합한 결과였다. 이는 약 4,000대에 이른 누적 생산량을 기록한 F-16보다도 더 많은 수였다.

그래서 합동타격전투기 프로그램이 계획대로 진행되었을까? 록히드 마틴을 선정하고 난 후 미 국방부는 다른 얘기를 하기 시작했다. 당초 미군용과 수출용이 동일하다는 말을 뒤집고 수출용의 성능을 낮췄다. 개발단계에서 이미 2조 원이 넘는 돈을 냈던 영국을 포함해 호주, 캐나다, 덴마크, 네덜란드, 이탈리아, 노르웨이, 터키의 8개국은 크게 반발하면서 주문 대수를 줄였다. 2006년에 예상 생산대수는 3,153대로 줄었고, 2016년 현재는 3,030대까지 줄었다.

실제 가격은 어떻게 되었을까? 2001년에 약 300억 원으로 예상했던 합동타격전투기 추정 가격은 이미 2002년에 500억 원으로 올라갔고, 2007년에는 690억 원, 2010년에는 740억 원으로 끊임없이 올라갔다. 2016년에 양산기 인도가 개시된 미 공군용의 최종 가격은 980억 원으로 판명되었고, 물량도 340대로 가장 적고 인도 시기도 2018년으로 제일 늦은 미 해군용의 최종 가격은 1,160억 원으로 전망되고 있다. 실제 가격이 방산업체가 처음에 내놓은 예상가격보다 한참 높은 것은 이번에도 예외가 아니었다.

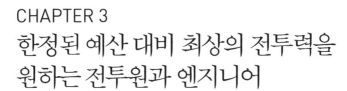

CHAPTER 3
한정된 예산 대비 최상의 전투력을 원하는 전투원과 엔지니어

● 1장에서 국가가 군사비를 얼마나 쓰는지를 알아봤고, 2장에서는 금전적 이익이 지상 목표인 방산업체의 동기와 행태를 다뤘다. 그러나 이들만으로는 뭔가 빠진 듯한 느낌을 지울 수 없다. 주어진 돈으로 어떻게 하면 최대의 국방 능력을 갖출까를 질문하지 않는다면 말짱 도루묵이다.

위 관찰을 좀 더 공식적으로 정의하면 이렇다. 즉, 입력과 출력이 연결되는 프로세스 전체를 봐야 한다는 얘기다. 비즈니스 스쿨에서는 이를 일컬어 '가치사슬'이라고 부른다. 군사가치사슬에서 입력은 물론 군사예산이다. 국가가 군사예산을 들여 확보하려는 최종 출력이 병력 몇 명, 무기 몇 점의 확보일 리는 없다. 이는 중간 단계에 불과하다. 병력과 무기는 군사적 역량을 위해 존재하며, 군사적 역량은 최종적으로 국가 안보에 기여한다. 즉, 최종 출력은 국가 안보다. 아무리 많은 돈을 썼어도 국방을 이루지 못하면 그건 실패다. 마찬가지로 국방은 이뤘지만 필요 이상으로 돈을 쓴 경우도 완전한 성공은 아니다.

이와 같은 명제를 부인할 사람은 없다. 하지만 여기에는 상당한 실제적 어려움이 따른다. 전쟁을 억제하고 혹시라도 전쟁이 벌어졌을 때 적을 이겨야 한다는 목표 자체는 분명하다. 그러나 개별 무기체계가 최종 목표에 얼마나 기여하는가 혹은 무기체계를 어떻게 조합하는 게 최선인가는 모호하다. 그렇다고 대답하기 어렵다는 이유로 이러한 고민 자체를 아예 도외시할 수는 없다.

군사 역사를 돌이켜보면 경제적인 무기가 기존 전투 방식과 무기를 지속적으로 대치해왔음을 알 수 있다. 사실 경제적인 무기란 두 가지 방식으로 이해해볼 수 있다. 하나는 기존 무기와 전투력 관점에서 큰 차이는 없지만 무기를 획득하고 구사하는 비용이 획기적으로 낮아진 경우다.

백년전쟁 초반인 1346년 크레시 전투Battle of Crécy에서 영국의 승리에 크게 기여했던 장궁은 경제적인 무기의 대표적 예다. 장궁은 제작 비용이 그렇게 비싸지 않은 반면 일정 사정거리 이내에서는 쇠갑옷으로 방호되는 중기병도 쓰러뜨릴 수 있는 위력이 있었다. 반면, 중장기사 한 명이 필요로 하는 갑옷과 투구, 방패, 창, 칼 등 무기를 구입하기 위해서는 막대한 돈이 소요되었다. 이로 인해 전투에 동원할 수 있는 중장기병 수는 제한적이었다. 결국, 중장기병이 주력인 프랑스 귀족 기사단은 평민들로 편성된 영국 장궁병이 쏘아대는 화살에 속절없이 무너졌다. 이후 중장기병은 전장에서 급속히 사라졌다.

16세기 들어 화승총이 활, 즉 쇠뇌나 장궁 등을 대치한 역사적 사실도 무기를 획득하고 구사하는 비용이 획기적으로 낮아졌음에 기인

●●● 경제적인 무기의 대표적인 예로 장궁과 화승총을 들 수 있다. 1346년 크레시 전투에서 영국의 승리에 크게 기여한 장궁(❶)은 제작 비용이 그렇게 비싸지 않은 데다가 일정 사정거리 이내에서는 쇠갑옷으로 방호되는 중기병(❷)도 쓰러뜨릴 수 있는 위력이 있었다. 반면, 중장기사 한 명이 필요로 하는 갑옷과 투구, 방패, 창, 칼 등 무기를 구입하기 위해서는 막대한 돈이 소요되었다. 결국, 중장기병은 전장에서 급속히 사라졌다. 16세기에 화승총(❸)은 위력 측면에서 활과 대동소이했고, 가격 측면에서 활보다 비쌌다. 이처럼 획득비용은 높았지만 결정적으로 구사비용이 낮았다. 활을 쏘는 궁병을 운용하려면 상당한 기간 동안 훈련시켜야 했던 반면, 화승총병은 훨씬 짧은 시간 동안만 훈련시켜도 궁병과 비슷한 전투력을 발휘할 수 있었다.

한다. 이를 두고 화승총의 위력이 활보다 더 세서 많이 쓰게 되었다고 생각하면 오산이다. 사실 위력은 크게 보면 대동소이했고, 어떤 면으로는 더 못한 구석도 있었다. 가격 측면으로도 화승총은 활보다 비쌌다. 그러나 획득비용은 높았지만 결정적으로 구사비용이 낮았다. 무슨 말인고 하니, 활을 쏘는 궁병을 운용하려면 상당한 기간 동안 훈련시켜야 했다. 반면, 화승총병은 훨씬 짧은 시간 동안만 훈련시켜도 궁병과 비슷한 전투력을 발휘할 수 있었다.

무기가 경제적일 수 있는 다른 방식은 비용은 기존 무기와 크게 다르지 않으면서 위력이 배가된 경우다. 즉, 경제성을 달성하는 방식이 꼭 비용 절감에만 있지는 않다. 예를 들어, 기존 무기는 10의 비용으로 100의 전투력을 얻는 데 반해, 새로 개발한 무기는 10의 비용으로 200의 전투력을 얻을 수 있다면 이전과 동일한 100의 전투력을 5의 비용으로 확보할 수 있다. 다시 말해, 테크놀로지의 발전은 무기의 경제성 관점에서 빼놓을 수 없는 핵심적 요소다.

위의 대표적인 예로 기관총을 들 수 있다. 세계 최초의 기관총은 미국 의사 리처드 개틀링Richard Jordan Gatling이 남북전쟁 때인 1861년에 발명한 개틀링 기관총이다. 개틀링 기관총은 총열 6개를 원형 병렬로 연결하여 연속 사격이 가능했다. 1883년 하이람 맥심Hiram Stevens Maxim이 만든 맥심 기관총은 사격 시에 발생하는 반동력을 이용해 재장전함으로써 연사속도를 획기적으로 높였다. 무기 자체 가격을 생각하면 기관총은 소총 몇 자루와 크게 다르지 않았다. 하지만 연사 능력으로 인해 전투력은 감히 비교가 안 될 정도로 높아졌다.

1898년 수단 옴두르만에서 벌어진 전투는 기관총의 위력을 잘 보여준다. 『전쟁의 경제학』에 나왔던 영국 군인 허버트 키치너Herbert Kitchener가 지휘한 영국군 8,200명과 이집트군 1만 7,600명은 수단 왕 압둘라 알-칼리파Abdullah Al-Khalifa가 지휘하는 수단군 5만 2,000명과 격돌했다. 완연한 수적 열세에도 불구하고 맥심 기관총과 야포로 무장한 영국군은 수단군 1만 2,000명을 죽이고 1만 3,000명에게 부상을

●●● 테크놀로지의 발전은 무기의 경제성 관점에서 빼놓을 수 없는 핵심적 요소다. 1883년 하이람 맥심이 만든 맥심 기관총은 사격 시에 발생하는 반동력을 이용해 재장전함으로써 연사속도를 획기적으로 높였다. 무기 자체 가격을 생각하면 기관총은 소총 몇 자루와 크게 다르지 않았다. 하지만 연사 능력으로 인해 전투력은 감히 비교가 안 될 정도로 높아졌다.

입혔다. 영국군이 입은 피해는 사망 47명과 부상 382명이 전부였다.

　좀 더 극단적인 예는 1893년에 벌어진 샹가니 전투Battle of the Shangani 다. 오늘날의 짐바브웨에 해당하는 마타벨레Matabele의 왕 로벤굴라 Lobengula는 휘하 병력 5,000명으로 영국군 700명을 샹가니에서 포위한 후 새벽 2시경 야습을 가했다. 그러나 영국군에게는 5정의 맥심 기관총이 있었다. 마타벨레군이 1,500명을 잃고 후퇴할 때까지 영국군 손실은 고작 4명뿐이었다.

　자동화된 개인화기 중 경제적인 걸로 유명한 무기는 소련이 개발한 AK-47, 일명 칼라시니코프Kalashnikov다. 1949년부터 사용된 칼라시니코프는 전 세계적으로 1억 정 이상 생산되었다. 경쟁 소총인 M16의

●●● 자동화된 개인화기 중 경제적인 걸로 유명한 무기는 소련이 개발한 AK-47 소총이다. 1949년부터 사용된 AK-47 소총은 전 세계적으로 1억 정 이상 생산되었다. 경쟁 소총인 M16의 생산량보다 10배나 많은 수치다. 현재 기준으로 보자면 AK-47 소총보다 더 위력적인 소총은 얼마든지 있지만, 가격이 싸고 어떠한 상황에서도 고장이 잘 나지 않는다는 면에서 이만한 소총을 찾기 어렵다.

생산량보다 10배나 많은 수치다. 현재 기준으로 보자면 칼라시니코프보다 더 위력적인 소총은 얼마든지 있다. 그러나 가격이 싸고 어떠한 상황에서도 고장이 잘 나지 않는다는 면에서는 이만한 소총을 찾기 어렵다. 신뢰할 만한 소총의 상징이 된 칼라시니코프는 심지어 모잠비크 국기에 나올 정도다.

그러나, 칼라시니코프라고 다 같은 칼라시니코프가 아니다. 정식 라이선스를 통해 생산하는 18개국 외에도 불법 복제한 11개국이 더 있다. 어디에서 생산되었느냐에 따라 가격이 다르다. 가령, 탈리반Taliban은 파키스탄제보다 이란제에 더 돈을 지불할 의향이 있다. 품질이 더 낫다고 보기 때문이다. 칼라시니코프 중에는 독일 총기회사 헤클러 운트 코흐Heckler & Koch에서 제작된 것도 있다. 그리스 회사가 헤클러 운트 코흐의 설비를 대여해 칼라시니코프를 만든 후 부룬디와 리비아에 수출했고, 부룬디와 리비아 회사들은 이를 알제리, 이집트, 레바논에 되팔았다.

거래되는 칼라시니코프는 대개 중고품이다. 미국 내에서 정상적인 시장 상황이라면 1정당 20만~40만 원에 팔린다. 일부 지역에서 아주 싸게 사면 단돈 1만 5,000원에 살 수도 있다. 케냐에서는 칼라시니코프를 물물교환으로 사는 게 가능한데, 1986년에는 1정에 소 10마리가 필요했던 반면, 2001년에는 소 2마리로 값이 떨어졌다. 암시장에서 거래되는 칼라시니코프 가격은 수요-공급법칙에 그대로 좌우된다. 가령, 1992년 미 해병대가 소말리아 해안에 나타나자 원래 30만 원 하던 가격이 10만 원으로 떨어졌고, 해안에 상륙하자 5만 원까지 떨어졌다. 그러나 미군이 철수하자 곧바로 다시 20만 원으로 올라갔다.

소총 이상으로 경제성이 중요한 항목은 탄약이다. 총이 뭐냐보다는 탄약이 얼마나 남아 있냐가 실제 전투에서 훨씬 결정적이다. 아무리 좋은 총과 포를 갖고 있더라도 쏠 탄환이나 포탄이 떨어지면 고철이나 다름없다. M16 등에 사용되는 구경 5.56밀리미터 탄의 가격은 대략 1,000발에 50만 원, 즉 한 발에 500원이다. 칼라시니코프에 사용되는 구경 7.62밀리미터 탄은 미국 내 가격이 1,000발에 약 25만 원으로 5.56밀리미터 탄의 반값에 불과하다. 반면, 구경이 12.7밀리미터인 이른바 50-캘리버caliber 중기관총탄은 한 발에 1만 원 정도다. 즉, 일반적으로 구경이 증가하는 비율 이상으로 가격이 더 가파르게 올라간다. 이런 기관총을 맘잡고 쏘기 시작하면 순식간에 수백만 원 이상의 돈이 사라져버린다.

현재 사용되고 있는 거의 모든 무기들은 이른바 운동에너지 무기다. 무슨 뜻이냐 하면, 빠른 속도로 날아가는 물체의 운동에너지를 이용해 목표물을 타격하고 파괴한다는 얘기다. 총과 포도 물론 이에 속한다. 그러나 운동에너지 무기에는 한 가지 약점이 있다. 바로 거리가

●●● 엔지니어들은 정밀유도 테크놀로지를 개발해 탄의 명중률을 높이는 방법을 모색해왔다. 관성항법장치(INS)와 위성항법장치(GPS)를 통해 유도하는 합동직격탄, 즉 JDAM(제이댐)은 2,500만 원 정도에 불과하다. 다시 말해, 2,500만 원을 들여 JDAM 키트를 붙이면 바보탄이 스마트탄으로 바뀐다. 스마트무기가 갖는 장점 중 하나가 바로 생각만큼 비싸지 않으면서 정밀한 공격이 가능하다는 점이다.

멀어질수록 발사된 탄의 명중률이 현격히 떨어지는 문제다.

엔지니어들은 정밀유도 테크놀로지를 개발해 탄의 명중률을 높이는 방법을 모색해왔다. 이러한 테크놀로지가 채용된 스마트탄 가격이 통상적인 이른바 '바보탄'의 2배가 된다고 해도, 4발을 쏴야 겨우 한 번 맞힐 수 있는 목표물을 단번에 맞힐 수 있다면 틀림없이 더 경제적이다. 물론 한 발에 500원 하는 소총탄을 유도무기화하려는 시도는 경제논리상 배보다 배꼽이 더 크다.

가격이 훨씬 높은 폭탄이나 로켓이라면 얘기가 다르다. 스마트무기가 갖는 장점 중 하나가 바로 생각만큼 비싸지 않다는 점이다. 예를 들어, 관성항법장치INS, Inertial Navigation System와 위성항법장치GPS, Global Positioning System를 통해 유도하는 합동직격탄, 즉 JDAM(제이댐)Joint Direct Attack Munition 같은 경우 2,500만 원 정도에 불과하다. 다시 말해, 2,500만 원을 들여 JDAM 키트를 붙이면 바보탄이 스마트탄으로 바뀐다.

JDAM은 레이저유도무기가 아무리 정확해도 날씨가 나쁘면 쓸 수 없다는 걸프전 경험을 바탕으로 1992년부터 개발되기 시작했다. 미군이 실전에서 JDAM을 최초로 사용한 전쟁은 8장에서 다룰 코소보 전쟁이다. 코소보 전쟁의 교훈을 두 가지로 요약하자면, 첫째, 아군 피해를 최소화하려면 압도적인 전력으로 공격해야 한다는 사실과, 둘째, 인구밀집지역 내 목표물을 공격할 때 스마트무기의 필요성이 더욱 높아진다는 사실이다.

1991년 걸프전 때 미군은 약 8만 5,000톤의 폭탄을 이라크군에게 떨어뜨렸고, 이 중 스마트탄 비율은 9퍼센트 정도에 그쳤다. 하지만 이라크군에게 입힌 피해의 4분의 3은 스마트탄 덕분이었다. 2003년 이라크전에서 스마트탄 비율은 90퍼센트로 올라갔다. 이러한 정밀무기를 통해 적 지휘능력을 무력화시킨다는 개념은 미 공군 대령 존 와든John Warden의 생각이었다. 그는 이 작전을 '인스턴트 썬더Instant Thunder', 즉 즉시적 천둥이라고 이름 붙였다. 미 공군이 26년 전 북베트남에 대해 수행한 폭격 작전 '롤링 썬더Rolling Thunder', 이른바 우르릉거리는 천둥을 염두에 둔 작명이었다. 소이탄 등을 포함해 100만 톤 이상의 폭탄을 투하하고 700기가 넘는 항공기를 잃었음에도 전쟁 경과에 별로 영향을 미치지 못한 롤링 썬더 작전은 미 공군에게 수치스러운 기억이었다.

무기의 경제성을 평가하는 극단적인 지표 중에 Q-50이 있다. Q-50은 민간인 거주지역 1제곱킬로미터를 대상으로 무기를 사용했을 때 인구 50퍼센트를 죽이는 비용으로 정의된다. 2016년 기준 재래식무기의 Q-50은 약 1,300만 원인 반면, 핵무기는 약 500만 원으로 반 이하다. 이는 현대 무기가 테크놀로지를 통해 인명살상 관점에서 점점 효율적으로 변해가고 있음을 보여준다. 그러나 핵무기가 가

●●● 무기의 경제성을 평가하는 지표인 Q-50은 민간인 거주지역 1제곱킬로미터를 대상으로 무기를 사용했을 때 인구 50퍼센트를 죽이는 비용으로 정의된다. 2016년 기준 재래식무기의 Q-50은 약 1,300만 원인 반면, 핵무기는 약 500만 원으로 반 이하이다. 이는 현대 무기가 테크놀로지를 통해 인명살상 관점에서 점점 효율적으로 변해가고 있음을 보여준다. 그러나 핵무기가 가장 효율적인가 하면 꼭 그렇지는 않다. 대량살상무기 삼총사 중 하나인 화학무기는 Q-50이 400만 원 정도로 핵무기보다 싸다. 이런 면에서 가장 압도적인 무기는 바로 생물학무기다. Q-50이 채 1만 원도 안 되기 때문이다.

장 효율적인가 하면 꼭 그렇지는 않다. 대량살상무기 삼총사 중 하나인 화학무기는 Q-50이 400만 원 정도로 핵무기보다 싸다. 이런 면에서 가장 압도적인 무기는 바로 생물학무기다. Q-50이 채 1만 원도 안 되기 때문이다.

무기가 갖는 위력은 테크놀로지에 의해 '혁명적'으로 증가될 수 있다. 1991년 걸프전 이후 '군사혁명RMA, Revolution in Military Affairs'이라는 말이 미국을 중심으로 유행처럼 번졌다. 이를 군사혁신이라고 번역하기도 하지만, 혁신이라는 말로는 원래 영어의 어감이 잘 살지 않는다. 이 말 자체는 테크놀로지나 전술 변화에 의해 전투 양상이 바뀐다는 일반적인 의미지만, 걸프전 이후로는 좀 더 구체적으로 정밀유도, 감시 및 정찰, 통신에 관련된 테크놀로지를 지칭하는 말로 사용되었다. 실시간으로 전쟁 상황이 중개되고 유도무기의 놀라운 정확성이 입증

●●● 무기가 갖는 위력은 테크놀로지에 의해 '혁명적'으로 증가될 수 있다. 1991년 걸프전 이후 '군사혁명'이라는 말이 미국을 중심으로 유행처럼 번졌다. 이 말 자체는 테크놀로지나 전술 변화에 의해 전투 양상이 바뀐다는 일반적인 의미지만, 걸프전 이후로는 좀 더 구체적으로 정밀유도, 감시 및 정찰, 통신에 관련된 테크놀로지를 지칭하는 말로 사용되었다. 실시간으로 전쟁 상황이 중개되고 유도무기의 놀라운 정확성이 입증되면서 '혁명'에 대한 낙관적 전망이 팽배해졌다.

되면서 '혁명'에 대한 낙관적 전망이 팽배해졌다. 이와 관련하여, '네트워크 중심전', '효과기반 작전', '4세대전' 등 새로운 용어들도 덩달아 쏟아져나왔다.

군사혁명 자체는 사실 지극히 미국적인 발상이다. 미국은 세계 어느 나라보다도 자국 군인의 전사에 민감하다. 여기에는 두 가지 이유가 있다. 한 가지 이유는 베트남전 때 미국 젊은이들이 별 소득도 없이 다수 희생되었다는 국민적 공감대가 형성되어 있는 탓이다. 다른 하나는 베트남전 이후 미국이 벌여온 전쟁들이 미국인들이 느끼기에 꼭 필요한 방어적 전쟁이 아니라는 점이다. 미군 병사 피해를 최소로 줄이면서 전쟁에서 승리하기 위한 방법을 찾는 과정에서 군사혁명이 등장했다는 얘기다.

이의 또 다른 측면은 미국이 실제로 사용할 수 있는 무기를 갖기를 간절히 원했다는 점이다. 말할 필요도 없이 미국은 세계 최초 핵무기 개발국가로서 다량의 핵무기를 보유해왔다. 그러나 핵무기가 갖는 엄청난 파괴력과 파급효과로 인해 막상 실제 전투 상황에서는 쓸 수 없다는 한계를 느꼈다. 그래서 적 지휘부를 총체적으로 감시하고 필요하면 '인도적으로' 지휘부만을 타격할 수 있는 무기체계를 개발하려고 했다. 그 결과가 이라크 바그다드Baghdad로 거리낌없이 발사해온 토마호크Tomahawk 등의 순항미사일이었다.

미국 내 군사혁명 주창자들은 논리적 일관성을 극한까지 밀어붙였다. 가용한 군사비를 모두 전용해서라도 정보기반의 새로운 무기체계를 개발하려 들었다. 일례로, 여러 실전에서 유용성이 입증된 공격기 A-10 썬더볼트 IIThunderbolt II와 같은 무기가 그러한 비전에 부합하지 않는다며 강제로 퇴역시키려 했다. 더불어 주요 지역에 파견된 미군을 철수시킨다든지 혹은 기존의 2개 전역 동시전쟁능력을 축소시켜 아낀 돈으로 '혁명'에 올인해야 한다고 주장했다.

그러나 21세기 들어 미국이 벌인 전쟁에서 군사혁명이 결코 완벽한 해결책이 아님이 드러났다. 결정적인 계기가 된 사건은 바로 2001년 9·11테러였다. 군사혁명은 주로 군대와 군대 간 정규전 관점을 취했기에 비정규전에는 그다지 소용없었다. 이후 미국은 기존 용어를 버리고 '군사변환military transformation'이라는 말을 새로 만들어냈다. 군사변환의 주된 관심사는 이제 드론drone, 자율무인체, 군사용 로봇 등으로 바뀌었다. 이들의 핵심적 공통요소는 바로 무인화다. 이러한 시도가 가져올 여러 결과에 대해 방심하거나 가볍게 여기지 말아야 한다.

이제 몇 가지 흥미로운 질문을 던져보고 그에 대한 대답도 같이 제시해보자. 잠시 후에 나올 대답이 가능한 이유는 미국 브루킹스 연구소Brookings Institution의 윌리엄 카우프만William Kaufmann 덕분이다. 카우프만

●●● 군사혁명이 결코 완벽한 해결책이 아님이 드러난 결정적인 계기가 된 사건은 바로 2001년 9·11테러였다. 군사혁명은 주로 군대와 군대 간 정규전 관점을 취했기에 비정규전에는 그다지 소용없었다. 이후 미국은 기존 용어를 버리고 '군사변환'이라는 말을 새로 만들어냈다. 군사변환의 주된 관심사는 이제 드론, 자율무인체, 군사용 로봇 등으로 바뀌었다. 이들의 핵심적 공통요소는 바로 무인화다.

이 고문 역할을 수행한 미국 국방장관 수는 7명에 이른다. 그런 만큼 그는 미군 무기별 구매가격과 유지비용에 대해 누구보다도 정통한 지식을 가졌고, 이를 표로 일목요연하게 제시한 바 있다.

첫 번째 질문은 미 공군 전술비행단^{tactical air wing}을 3개 추가하려고 할 때, 전체 군사예산을 늘리지 않으면서 달성하려면 어떤 방법을 쓸 수 있을까다. 미 공군 전술비행단은 항공기 72대로 구성되며, 카우프만에 의하면 1개 전술비행단을 운용하기 위한 연간 비용은 2016년 기준 약 3.4조 원이다. 따라서 3개 공군 전술비행단을 추가하려면 연간 약 10.1조 원이라는 돈을 어디선가 아껴야만 한다.

그 방법은 여러 가지가 있을 수 있다. 한 가지 가능성은 미 육군 전투부대를 줄이는 방법이다. 1만 6,000명 정도 병력을 갖는 미 육군 1개 사단은 통상 4개 여단으로 구성된다. 그리고 이외에도 대략 2만 5,000~3만 명의 지원인력이 필요하다. 이러한 1개 사단의 연간 운용비용은 2016년 기준 약 5.85조 원이다. 즉, 2개 사단을 없애면 11.7조 원이 생겨 필요한 돈인 10.1조 원보다 오히려 돈이 남는다. 따라서 목표 절감액을 만족시키려면 2개 사단을 없앤 대신 연간 운용비용이 약 1.35조 원인 1개 여단을 남기면 된다.

또 다른 대안은 미 해군 항모전투단 1개와 미 육군 예비사단 3개를 없애는 방법이다. 미 해군 1개 항모전투단은 미 해군 소속 1개 전술비행단과 항공모함 1척, 그리고 전투함 4척으로 구성되며, 연간 운용비용은 약 7.2조 원에 이른다. 한편, 미 육군 1개 예비사단은 연간 운용비용이 약 1.1조 원으로, 3개 예비사단을 유지하는 비용은 3.3조 원 정도다. 따라서 이들을 합치면 필요한 10.1조 원을 충족시킬 수 있다.

물론, 이와 같은 계산은 아주 정확하다고 얘기할 수는 없다. 왜냐하면 변동비용인 연간 운용비용만을 살펴보았을 뿐, 무기개발비용 등과 같은 초기 고정비용을 고려하지 않았기 때문이다. 하지만 대략적인 감을 잡는 데는 이 정도면 충분하다.

두 번째 질문은 버지니아급 공격용 원자력잠수함 10척을 다른 수상전투함으로 바꾼다면 몇 척이나 얻을 수 있을까다. 〈표 3.1〉은 관심 대상인 세 종류의 전투함에 대한 정보를 보여준다. 연간 총비용은 작전수명 30년을 가정해 구했다.

〈표 3.1〉 미 해군 군함 세 종류의 연간 운용비용과 구매가격

	연간 운용비용	구매가격	연간 총비용
DD-963 스프루언스	461억 원	5,063억 원	630억 원
DDG-51 알레이 버크	349억 원	1조 6,875억 원	911억 원
CG-47 타이콘데로가	473억 원	1조 9,125억 원	1,110억 원

버지니아급 공격용 원자력잠수함의 연간 운용비용은 461억 원, 구매가격은 3조 원이 약간 넘는다. 원자력잠수함은 작전수명이 수상함보다 다소 긴 편으로 35년으로 가정했다. 이 경우, 버지니아급 공격용 원자력잠수함 10척을 포기하면 스프루언스급^{Spruance class} 구축함 21척이나 알레이 버크급^{Arleigh Burke class} 구축함 14척, 혹은 타이콘데로가급^{Ticonderoga class} 순양함을 12척 더 운용할 수 있다. 이는 오직 비용만을 비교한 결과로 어느 쪽이 더 바람직한가에 대한 판단은 아니다.

마지막 세 번째 질문은 적 목표지점 48곳을 파괴하기 위한 가장 경

제적인 방법이 무엇일까 하는 질문이다. 이는 사실 정답이 있기 어려운 우문에 가깝다. 그러나 관심의 폭을 좁히면 꽤 그럴듯한 대답을 끌어낼 수도 있다. 예를 들어, 지대지나 함대지미사일은 제외하고 공군 전력만을 고려해보자. 타격수단은 2,000파운드 JDAM인 GBU-31과 순항미사일인 AGM-158 JASSM(재즘)Joint Air-to-Surface Standoff Missile의 두 가지만 가정하고, 전달수단은 스텔스 폭격기 B-2 스피릿과 재래식 폭격기 B-1 랜서Lancer, 그리고 B-52 스트라토포트레스Stratofortress의 세 종류를 고려하자. 단순화된 분석을 위해 JDAM과 JASSM의 명중률과 폭발에너지는 같다고 가정하고, 확실한 파괴를 위해 목표당 2발씩 쏜다고 가정하자. 또한, 기습효과를 극대화하기 위해 1회 출격으로 공격한다고 하자.

먼저 각 폭격기의 무장능력을 살펴보자. B-52와 B-1은 JDAM과 JASSM 공히 24발까지 탑재 가능한 반면, B-2는 둘 다 16발까지 가능하다. 한편, B-1의 2016년 구매가격은 약 3,500억 원으로 2,800억 원인 B-52보다 비싸다. 따라서 B-1을 채택할 이유는 없다. B-2는 스텔스 성능이 있기에 값싼 JDAM을 써도 되고, B-52는 그럴 수 없으므로 JASSM을 쓴다고 하자.

48곳의 목표에 2발씩 쏘면 총 96발의 폭탄 혹은 미사일이 필요하다. B-2와 B-52의 무장탑재능력을 감안하면 필요 대수는 각각 6대와 4대다. 여기에 B-2 구입가격 약 9,500억 원과 B-52 구입가격 2,800억 원을 곱하면, 약 5.7조 원과 약 1.1조 원이 나온다. 비교가 무의미할 정도로 B-52쪽이 값이 싸다.

이게 분석의 전부는 아니다. 사용하는 폭탄과 미사일 비용도 감안해야 한다. JDAM 가격은 Mk-84 2,000파운드 폭탄이 310만 원, JDAM 키트가 2,500만 원이라 1발당 2,810만 원이다. JASSM은 1발당 8.5억 원이다. 각각 96발씩 소요되므로 총 폭탄비용은 JDAM을 사용하는 B-2는 27억 원, JASSM을 사용하는 B-52는 816억 원이다. 당연히 무장비용은 JDAM이 싸다. 그러나 단 1회의 작전만을 고려한다면 B-52 쪽이 더 경제적이라는 결론을 뒤집을 재간은 없다. 789억 원의 절약으로는 항공기 가격에 기인한 수조 원 차이가 극복되지 않는다.

마지막으로 한 가지 더 분석하자. 동일한 30년간의 폭격기 수명을 가정했을 때 연간 운용비용을 비교해보자. B-2의 연간 운용비용은 450억 원인 반면, B-52는 180억 원에 그친다. 여기에 폭격기 대수를 곱하면 각각 매년 2,700억 원과 720억 원의 운용비용을 치러야 한다. 어떤 각도로 봐도 B-52 쪽이 더 경제적이라는 결론은 바뀌지 않는다.

1부를 마치면서 정리해보자. 앞에서 군사비와 무기를 바라보는 세 가지 관점을 소개했다. 셋 중 무엇이 가장 중요할까? 두 번째가 우선시될 수는 없다. 그건 무력의 폭력적 사용을 영속화하는 길이다. 상식이 있는 사람이라면 첫 번째 관점이 궁극의 시금석이며, 세 번째 관점은 첫 번째 관점의 실천적 방안임을 이내 깨닫게 된다. 이는 곧 한정된 자원을 최대한 효율적으로 사용하려는 경제의 근본원리를 구체적으로 실현하는 일이다.

그렇기에 이어지는 2부부터 전투원과 엔지니어 관점에서 무기의 경제성을 평가하는 여러 이론과 사례들을 차례대로 소개하려고 한다. 그 시작은 대량살상무기를 없애야 한다며 미국이 사담 후세인^{Saddam} ^{Hussein}의 이라크를 두 번째로 공격한 2003년 미국-이라크 전쟁이다.

PART 2
무기 성능에 대한
평가항목이 하나인 경우

CHAPTER 4
대량살상무기 제거를 명분으로 내세운 2003년 미국-이라크 전쟁

● 그건 처음부터 의심스러운 전쟁이었다. 미국 대통령 부시$^{George\ W.}$ ^{Bush}는 텔레비전에 나와 이라크의 대량살상무기를 제거해야만 한다고 역설했다. 그러나 이라크가 대량살상무기를 갖고 있다는 증거는 빈약했다. 무기가 있다는 첩보를 확인했다는 미국 정보기관의 모호한 말 외에 다른 근거는 없었다.

이라크는 오랜 역사를 갖고 있는 나라다. 기원전 4000년 전 수메르^{Sumer}인은 인류 최초 문명을 그 땅에서 열었다. 놀라울 정도로 발달된 문명을 가진 수메르인은 문자와 숫자를 사용했고, 바퀴와 도시, 종교, 법률 등도 갖고 있었다. 이라크 지역을 가리켜 '문명의 요람'이라고 괜히 부르는 게 아니다. 『길가메시 서사시$^{Gilgamesh\ Epoth}$』, 아카디아 왕조$^{Akkadian\ Empire}$, 아시리아 제국$^{Assyrian\ Empire}$, 함무라비 법전$^{Code\ of}$ ^{Hammurabi}, 바빌로니아^{Babylonia}는 모두 이라크 선조의 산물이다.

7세기 이래로 이라크는 이슬람교의 중심지가 되었다. 13세기에 몽고군에게 완전히 유린당한 사건과 14세기에 흑사병으로 인구 3분의 1을 잃은 일을 제외하면 이라크인은 대체로 평온한 삶을 살았다. 16세기에 서쪽의 오스만 튀르크^{Osman Türk}와 동쪽의 페르시아^{Persia}, 즉 지금의 터키와 이란 사이에 끼어서 고통을 겪다가 17세기 이래로는 터키의 지배를 받았다.

이라크가 근대적 전쟁에 휩싸이게 된 계기는 제1차 세계대전이었다. 1914년 10월 터키가 러시아를 공격하자 11월 영국은 전격적으로 터키의 메소포타미아^{Mesopotamia}, 즉, 지금의 이라크를 침공했다. 영국이 터키를 공격한 이유는 다른 게 아니었다. 1908년 5월 영국은 페르시아에서 유전을 발견하고는 곧바로 영국-페르시아 석유회사^{Anglo-Persian Oil Co.}를 세웠다. 이 회사는 1954년 브리티시 페트롤륨^{British Petroleum}, 즉 BP로 이름이 바뀌었다. 당시 페르시아는 영국과 러시아에 의해 양분당하기 직전이었다. 중동 다른 지역에도 대량의 석유가 매장되어 있을 가능성은 농후했고, 이라크도 가능성 높은 후보지였다. 게다가 페르시아 만에 있는 항구들은 페르시아 석유를 빼가기 위한 핵심 경로였다.

함대로 전 세계를 제압한 영국은 누구보다도 먼저 석유의 중요성을 깨달았다. 석유가 발견되기 전 군함의 동력기관은 석탄으로 구동되는 증기 엔진이었다. 석탄에는 사실 많은 약점이 있었다. 열효율이 낮아 장거리 항행이 어려웠고 검은 연기가 발생해 함대 위치가 노출되었다. 또, 전투를 앞두고는 포격당할까 봐 갑판에 쌓아둔 석탄을 바다로 버려야 했다. 석유를 쓰는 디젤 엔진으로 바꾸면 일거에 해결될 문제였다. 1911년 영국 해군장관 윈스턴 처칠은 영국 함대의 연료를 석유로 바꿨다. 이후 이란과 이라크는 영국의 제국주의적 이익 유지에 필수불가결한 지역으로 간주되었다.

제1차 세계대전 후 영국의 위성왕국 신세를 면치 못하던 이라크는 1958년 군부 쿠데타에 의해 영국의 영향력에서 벗어났다. 이후 이라크는 5년마다 군부 쿠데타를 겪었다. 1968년 아랍사회민주주의를 내건 바트당Ba'ath Party의 쿠데타가 성공하면서 아메드 하산 알-바크르 Ahmad Hasan al-Bakr가 새로운 대통령이 되었다. 알-바크르는 1979년 통일아랍국의 건설을 위해 시리아 대통령 하페즈 알-아사드Hafez al-Assad 와 협약을 맺었다. 두 나라가 하나가 되면 자신의 위치가 모호해진다고 우려한 한 사람이 있었다. 그는 같은 해 7월 강제로 알-바크르를 끌어내리고는 스스로 권좌에 올랐다. 그가 바로 사담 후세인이다.

후세인은 자체로 흥미로운 인물이었다. 1937년생인 후세인은 쿠데타 당시 43세의 젊은 나이였다. 1968년 알-바크르의 쿠데타 때 부통령으로 임명된 후세인은 한 번도 이라크군에서 복무한 적이 없었다. 장군이라는 칭호는 1976년 바트당으로부터 임의로 받은 허상에 불과했다. 대통령이 된 후세인은 바트당 당수와 이라크 혁명평의회 의장도 겸해 권력을 공고히 했다. 1982년 알-바크르는 알 수 없는 원인으로 죽었다.

영국과 미국 등은 통일아랍국 출현을 결코 달갑게 여기지 않았다. 여러 나라로 나뉘어 있을 때보다 다루기가 더 힘들어지기 때문이었다. 게다가 1972년 알-바크르는 소련과 우호조약을 맺었다. 미국은 이란 왕 모하마드 레자 팔레비Mohammad Reza Pahlevi를 통해 이라크 내 쿠르드인의 반란을 부추겼다. 적의 적은 내 친구라는 식이었다.

후세인 등장의 또 다른 배경은 옆 나라 이란의 상황이었다. 영국-페르시아 석유회사 설립 이래로 석유 판매에 따른 이란 몫은 16퍼센트에 불과했다. 이익 배분이 불합리하다며 이란의 총리 모하마드 모사데크Mohammad Mossadegh가 영국-페르시아 석유회사를 국유화하자 1953년 영국은 미국과 함께 군부 쿠데타를 일으켜 모사데크를 쫓아냈다. 석유 판매 이익의 대부분은 다시 영국 차지가 되었다.

1977년 팔레비가 껄끄러워하는 일련의 종교지도자들이 죽었다. 그중에는 영향력 큰 아야톨라 호메이니Ayatollah Ruhollah Khomeini의 큰 아들도 포함되어 있었다. 이란인들은 팔레비의 비밀경찰 사박SAVAK의 짓으로 간주했다. 1978년 팔레비에 반대하는 데모가 격화되면서 9월 계엄령이 선포되었다. 계엄군의 발포로 군중 수십 명이 사망하자, 사태는 걷잡을 수 없는 지경이 되었다. 결국, 1979년 1월 팔레비는 해외로 망명했다. 미국과 영국은 이제 이 지역의 친구를 잃었다. 그러고는 6개월 뒤에 후세인이 이라크의 정권을 쥐었다.

전쟁을 누가 일으켰는지 판별하려면 서전緖戰에 누가 전과를 거뒀는가를 보면 된다. 먼저 전쟁을 일으킨 쪽이 곧바로 영토를 뺏기는 일은 극히 드물다. 1980년 9월 급기야 이라크는 이란에 대한 포문을 열었다. 거의 8년간 치러질 이란-이라크 전쟁의 시작이었다. 소련과 프랑스 무기로 무장한 이라크군은 이란군을 서전에 압도하며 이란 영내로 돌진했다.

그러나 이란군이 저력을 발휘하면서 이라크군은 수세에 몰렸다. 이란군은 흥분제와 종교적 열정에 취해 만세돌격을 감행하는 소년병을 앞세워 이라크군 진지를 유린했다. 그러자 희한하게도 미국과 소련은

●●● 이란-이라크 전쟁에서 미국과 소련은 이라크 편을 들면서 자금과 무기, 그리고 인공위성으로 얻은 정보를 후세인에게 제공했다. 그걸로도 부족했는지 후세인은 제1차 세계대전 이후 처음으로 화학무기를 실전에 투입했다. 이란은 미국이 무기 제공을 거부하자, 이스라엘과 중국, 북한으로부터 무기를 사들였다. 미국의 공식적인 수출금지에도 불구하고 이란은 필사적으로 미국 무기 부품을 중개상을 통해 구했다. 이란-이라크 전쟁은 세계 모든 무기회사들에게 환상적인 돈벌이 기회였다.

동시에 이라크 편을 들었다. 자금과 무기, 그리고 인공위성으로 얻은 정보가 후세인에게 제공되었다. 그걸로도 부족했는지 후세인은 제1차 세계대전 이후 처음으로 화학무기를 실전에 투입했다.

원래 미국 무기를 주로 썼던 이란군은 무기와 탄약 보급에 어려움을 겪었다. 미국은 무기 제공을 거부했다. 구원의 동아줄은 생각지 못한 곳에서 내려왔다. 이스라엘이었다. 후세인의 비난에도 불구하고 이스라엘은 이란에 무기를 팔았다. 이스라엘의 목적은 물론 이란과 이라크가 서로 죽도록 싸워 힘을 빼는 거였다. 이란의 또 다른 공급처는 중국과 북한이었다. 미국의 공식적인 수출금지에도 불구하고 이란은 필사적으로 미국 무기 부품을 중개상을 통해 구했다. 돈이 되는한, 그리고 전쟁의 균형이 한쪽으로 기울지 않는 한 미국은 무기 부품 공급을 모르는 척 눈감아주었다. 결국 1988년 8월 승자가 없는 채로 이란-이라크 전쟁은 끝났다. 이란-이라크 전쟁은 세계 모든 무기회사들에게 환상적인 돈벌이 기회였다.

그로부터 2년 뒤인 1990년 8월 이라크는 쿠웨이트를 침공했다. 더 이상 미국은 후세인의 친구가 아니었다. 미국을 포함한 34개국은 후세인의 공격을 국제평화에 대한 심각한 위협으로 규정하고 곧바로 행동에 나섰다. 1991년 1월 17일 공격을 개시한 다국적군은 두 달도 안 돼 이라크군을 분쇄하고 2월 28일 이라크군에게 항복을 받아냈다. 걸프전은 미군이 여러 신무기를 뽐내는 경연장과도 같았다. 미군 전사자는 150명에 불과한 반면, 이라크군은 20만 명 넘게 죽었을 정도로 미군과 다국적군의 압도적인 승리였다.

걸프전은 여러 가지 면에서 미 군부에게 중요한 전쟁이었다. 이란-이라크 전쟁에서 미국은 경제적 이익보다는 지정학적인 이해에 더 신경을 썼다. 소련, 프랑스, 중국이 무기를 팔아 번 돈에 비하면 미국이 번 돈은 동전 몇 푼도 되지 않았다. 무엇보다도 미국 국민들은 남의 전쟁에 끼어들어 자국민이 죽는 상황을 못 참아했다. 베트남전이 남긴 트라우마였다. 1980년대 미 군부가 직접 벌인 전쟁은 병력 손실 염려가 거의 없는 1983년 그레나다 침공^{Invasion of Grenada} 정도였다.

미 군부는 보병 없이 치르는 전쟁을 꿈꿨다. 미군 병사의 손실 걱정이 없다면 좀 더 쉽게 전쟁을 벌일 수 있었다. 1970년대에 미 중앙정보청장을 지내고 1980년대에 8년간 부통령으로서 막대한 영향력을 배후에서 행사했던 이가 전면에 등장하자 가능성이 현실로 구체화되기 시작했다. 1989년 1월 아버지 부시^{George H. W. Bush}가 미국 대통령이 된 후 1년도 지나지 않아 한 일은 파나마 침공이었다. 연습은 그것으로 충분했다. 후세인의 쿠웨이트 침공은 본격적인 실전을 치르고 싶어 안달이 났을 미 군부에게 완벽한 기회였다. 미국 무기회사에게도 이보다 더 좋은 일은 있을 수 없었다. 이제 미 군부는 트라우마로부터 벗어났다.

걸프전 결과, 이라크는 대량살상무기 폐기와 개발방지를 위한 국제 연합UN, United Nations의 무기사찰을 받게 되었다. 핵시설은 이미 1981년 이란-이라크 전쟁 당시 이스라엘군 공습에 의해 파괴되었다. 무기 사찰단의 활동에도 불구하고 미군은 이라크를 종종 공격했다. 가령, 1993년 6월 미국 군함 2척은 토마호크 23발을 이라크로 발사했다. 이라크 정보기관본부를 때린 이 공격은 퇴임한 아버지 부시를 노린 공격 시도에 대한 보복이라고 발표되었다.

1998년 12월 영국군과 합동으로 실시한 4일간의 공습은 묘하게도 당시 르윈스키 스캔들Lewinsky scandal 이후 미국 대통령 빌 클린턴Bill Clinton에 대한 미 하원 탄핵 결정과 정확하게 시기가 일치했다. 몇 달 전인 8월에도 미 의회 르윈스키 청문회 때 클린턴은 뜬금없이 수단과 아프가니스탄을 향해 순항미사일을 발사했다. 공표된 대외적 명분은 물론 이라크의 대량살상무기 프로그램을 파괴하기 위해서였다. 그러나 공격받은 곳은 후세인의 여러 거처, 국방부 건물, 공화국수비군 막사 등 대량살상무기와는 별로 상관이 없었다.

2001년 새로 대통령이 된 아들 부시는 아버지를 따라 하고 싶은 듯했다. 그는 지속적으로 이라크에 대량살상무기가 있다는 의혹을 제기했다. 미국인들은 반신반의했다. 걸프전 때 미국과 함께 이라크를 공격했던 세계 각국도 '왜 저래?' 하는 생각을 감추지 않았다. 언제부터인가 단짝 중의 단짝이 된 영국 총리 토니 블레어Tony Blair만 아들 부시의 장단에 맞출 따름이었다.

이라크에 대한 새로운 전쟁을 거의 기정사실화한 미군은 2002년 '밀레니엄 챌린지 2002Millennium Challenge 2002'라는 훈련을 기획했다. 미군 역사상 가장 크고, 가장 돈이 많이 들고, 가장 정교한 훈련이었다. 훈련의 공식 목표는 2010년 이후 적용될 합동군 개념의 시험이었다. 준비 기간만 2년이 걸렸고, 1만 3,000명이 넘는 현역 군인이 참가했으며, 17개 시뮬레이션 훈련장과 9개 현역 부대 훈련장이 이 훈련에 동원되었다. 소요된 돈은 무려 2,500억 원이 넘었다.

훈련을 주관한 사령부는 버지니아 노포크Norfork에 위치한 합동군사령부JFCOM, Joint Forces Command였다. 합동군사령부는 당시 국방장관 도널드 럼스펠드Donald Rumsfeld의 오른팔과도 같았다. 합동군사령부가 지향하는 전쟁의 모습은 이른바 '군사혁명'이었다. 즉, 밀레니엄 챌린지는 몇몇 이론가와 미 군부 고위층 머릿속에만 존재하던 개념을 실제로 현장에서 확인하는 자리였다. 럼스펠드는 훈련 전 합동군사령부를 여러 차례 방문해 격려했다. 합동군사령관 버크 커난William F. "Buck" Kernan은 "밀레니엄 챌린지는 군사변환의 핵심입니다"라며 화답했다.

좀 더 구체적으로 훈련은 홍군과 청군 간 대결로 구성되었다. 2007년 홍군이 점령하고 있는 지역을 청군이 공격해 빼앗는 시나리오였다. 청군 지휘부는 육군 중장 버웰 벨Burwell B. Bell III이 지휘하는 350명의 인원으로 구성되었다. 한편, 90명으로 구성된 홍군의 사령관은 예비역 해병 중장 폴 반 리퍼Paul Van Riper다. 리퍼를 홍군 지휘관으로 뽑은 이는 합동군사령관 커난이었다. 커난은 리퍼를 고른 이유에 대해 "기만작전에 능하고 빈틈 없는 전쟁의 달인이라서"라고 말했다. 이때까지만 해도 커난은 밀레니엄 챌린지에 대해 진지한 입장이었다.

청군에게는 해상운송선 확보, 홍군의 대량살상무기 시설 제거, 홍군 지역 내 헤게모니 탈취와 같은 작전 목표가 주어졌다. 반면, 홍군은 자신들의 정권을 지켜내고 청군에게 최대한 희생을 강요하는 임무가 부여되었다. 청군의 작전 목표는 미군 중부사령부CENTCOM, Central Command가 준비 중이던 이라크 침공 작전과 아무런 차이가 없었다. 즉, 청군은 미군이고 홍군은 이라크군인 셈이었다.

리퍼가 합동군사령부 훈련에 참가한 건 이번이 처음이 아니었다. 1년 전인 2001년에 치른 '통합 비전 2001Unified Vision 2001' 때도 리퍼는 홍군을 지휘했다. '효과기반작전'이 유효함을 입증하기 위해 벌인 훈련이 바로 통합 비전 2001이었다. 이런 워 게임을 수행할 때 심판관의 공정한 판정은 핵심적인 전제조건이었다.

그러나, 유니파이드 비전은 짜고 치는 고스톱에 가까웠다. 예를 들어, 심판관은 콘크리트로 만든 지하 사일로silo에 설치된 홍군의 21개 탄도미사일기지가 순식간에 모조리 파괴되었다고 선언했다. 문제는 홍군 탄도미사일기지가 어디에 있는지 청군은 전혀 몰랐다는 점이다. 미래 어느 시점이 되면 "저절로 알아서 홍군 미사일기지를 파괴하는 테크놀로지를 청군이 보유한다"는 식이었다.

리퍼는 합동군사령부에 항의했다. 합동군사령부는 "내년에는 정말 각본 없이 정직하게 훈련하겠다"며 리퍼를 달랬다. 이미 1997년에 퇴역한 리퍼는 승진을 걱정할 입장은 아니었다. 다만, 가상의 워 게임war game일지언정 이런 식의 불합리한 패배는 군인으로서 긍지와 명예에 반하는 일이었다. 밀레니엄 챌린지 직전 커난은 "이번 훈련에서는 홍군도 승리가 가능하다"고 공언했다. 리퍼는 한 번 더 믿어보기로 했다. 훈련의 화이트 셀, 즉 심판관은 예비역 육군 대장 개리 럭$^{Gary\ E.\ Luck}$이었다.

합동군사령부는 밀레니엄 챌린지를 할 수 있는 한 실제 전쟁에 가깝게 만들려고 애썼다. 그렇지만 모든 게 완전히 현실에 부합될 수는 없었다. 가령, 청군과 홍군 모두 밤에 부대를 재배치할 수 있었지만 야간공격은 허용되지 않았다. 이는 특히 청군보다 전력이 떨어지는 홍군에게 큰 제약이었다. 또, 청군에게는 미래 신기술이 적용된 온갖 무기가 주어졌다. 그중에는 비행기가 공중에서 쏘는 레이저무기도 있었다. 훈련 시점이 2002년이고 훈련 시나리오가 2007년임을 감안하면 코미디 같은 일이었다.

2002년 7월 24일 밀레니엄 챌린지가 시작되자, 청군은 8개조로 된 최후통첩을 리퍼에게 내밀었다. 여덟 번째 조항은 무조건 항복이었다. 그걸 받아들일 수는 없었다. 리퍼에게는 유력한 작전이 하나 있었다. 아들 부시는 훈련 직전인 6월 초 웨스트포인트$^{West\ Point}$ 졸업식에서 이른바 '선제적 전쟁' 교리를 공표했다. 리퍼는 선제적 전쟁을 일으키려는 청군에게 선제공격이란 이렇게 하는 법이라고 보여줄 생각이었다.

미 해군 항모전단이 페르시아 만 해역에 들어오자마자 홍군은 공격을 개시했다. 홍군은 보유한 지대함미사일, 함대함미사일, 공대함미사일을 동시에 쏟아냈다. 함대함미사일은 군함이 아닌 상선에서 발사되었다. 전폭기는 통신을 끈 채로 저공비행하여 공대함미사일을 쐈다.

미 항모전단에 속한 이지스함, 즉 순양함 타이콘데로가급이나 구축함 알레이 버크급은 동시에 날아오는 미사일 10여 발까지는 대응이 가능했다. 그러나 그 수를 넘어가면 속수무책이었다. 미 해군은 군함 16척을 단 10분 만에 잃었다. 그중에는 항모 1척과 호위군함 10척이 포함되었고, 전부 6척이 투입되었던 강습양륙함 중 5척을 잃었다. 실제 상황이었다면 2만 명이 넘는 미군이 죽은 상황이었다.

홍군의 공격은 그걸로 끝난 게 아니었다. 정신을 못 차리고 있던 청군에게 다양한 종류의 배가 쇄도했다. 함포와 어뢰 공격을 가하는 군함도 있었지만 홍군 공격의 화룡점정은 폭약을 가득 실은 쾌속정의 자살폭탄공격이었다. 이런 식의 공격을 예상하지 못한 청군은 군함 3척을 더 잃었다. 청군은 망연자실하고 말았다. 청군 사령관 벨은 "홍군이 내 (빌어먹을) 해군을 모조리 해치웠군!"하며 패배를 인정했다. 후세인이 이렇게 공격을 해온다면 미군의 운명은 끝이었다.

리퍼는 이를 테면 대량살상무기가 아닌 비대칭전력으로 청군을 상대한 셈이었다. 자신의 작전이 누설되지 않도록 무선통신을 끄고 오토바이를 탄 연락병으로 부대에게 명령을 내렸다. 전폭기 이착륙 시에도 통신을 쓰지 않고 제2차 세계대전 때나 쓰던 광학적 수단을 동원했다.

미군 수뇌부는 이러한 결과를 인정할 수 없었다. 커난은 심판관 럭에게 침몰한 군함 모두를 되살리라고 명령했다. 19척의 군함은 다시 유령처럼 되살아났다. 첫 번째 교전에서 충분한 교훈을 얻은 청군은 두 번째 교전에서는 무난한 승리를 거뒀다. 워 게임을 하는 이유가 이런 교훈을 얻기 위해서라면 함대의 이상한 부활까지도 참을 만했다. 리퍼는 청군에게 또 다른 교훈을 가르쳐줄 준비가 되어 있었다.

하지만 합동군사령부는 더 이상 교훈을 얻을 생각이 없었다. 홍군의 행동을 심각하게 제약하는 규칙을 새로이 요구했다. 예를 들어, 훈련 4일째 리퍼는 청군 해병대에 의한 수륙양용공격에 대비했다. 군사에 조금이라도 관심이 있는 고등학생도 제1파 공격은 V-22 오스프리Osprey임을 충분히 짐작할 수 있었다. 길이가 거의 6미터에 달하는 오스프리 회전날개는 레이더반사면적RCS, Radar Cross Section이 큰 걸로 악명이 높았다. 홍군이 지대공미사일로 격추하려고 하자, 심판관은 오스프리와 C-130 허큘리스Hercules 같은 수송기에 대한 사격은 이제 허용되지 않는다며 거부했다.

심판관의 편파적 개입은 노골적이었다. 심판관은 홍군에게 대공레이더를 은닉하지 말고 모두 켜놓아야 한다고 지시했다. 청군 전폭기에 의해 쉽게 파괴될 수 있어야 한다는 게 이유였다. 살아남은 몇몇 대공미사일기지가 미사일을 발사하려 하자, 청군 병력이 강하 중일 때는 사격 금지라며 중지시켰다. 리퍼는 홍군이 보유한 화학무기를 사용할 수 있는지 심판관에게 물었지만 안 된다는 답변을 들었다. 심지어 리퍼의 참모장인 예비역 육군 대령은 이제 심판관 럭으로부터 직접 무엇을 어떻게 해야 하는지에 대해 명령받았다.

격노한 리퍼는 커난에게 격렬히 항의했다. 커난은 "당신은 배역에 맞지 않는 일을 하고 있어. 당신이 지휘한 대로 홍군이 할 리는 없다고"라며 반발했다. 리퍼는 홍군 전체를 소집한 후 이제부터는 참모장 명령을 따르라고 지시했다. 이런 식의 훈련은 더 이상 의미가 없다고 생각해서였다. 훈련 6일째 리퍼는 공식적으로 홍군 지휘관에서 물러났다. 남은 17일 동안 청군은 당초 작전 목표 대부분을 완수했다. 합

●●● 미군은 2003년 3월 20일, 이라크를 공습함으로써 전쟁을 개시했다. 공식적인 작전명은 '이라크 자유 작전'이었다. 공습 주요 목표는 이라크 수도 바그다드에 있는 후세인의 대통령궁이었다. 이는 이라크에 변변한 공습 목표물이 남아 있지 않다는 반증이기도 했다. 2001년과 2002년에 미군과 영국군은 이라크를 계속 공습해왔다.

동군사령부와 미 국방부는 밀레니엄 챌린지가 조작되었다는 언론의 문제 제기를 부인했다.

예행연습을 마친 미군은 2003년 3월 20일, 이라크를 공습함으로써 전쟁을 개시했다. 공식적인 작전명은 '이라크 자유 작전Operation Iraqi Freedom'이었다. 공습 주요 목표는 이라크 수도 바그다드에 있는 후세인의 대통령궁이었다. 이는 이라크에 변변한 공습 목표물이 남아 있지 않다는 반증이기도 했다. 2001년과 2002년에 미군과 영국군은 이라크를 계속 공습해왔다. 가령, 영국 공군은 2002년 9월 한 달간 54.6톤의 폭탄을 이라크에 떨어뜨렸다.

다음날 지상작전이 개시되었다. 어느 누구도 미군의 패배를 예상하지 않았다. 그보다는 과연 정말 이라크에 대량살상무기가 있었느냐가 관심사였다. 목숨 걸고 전장에 투입된 미군 병사들조차도 그걸 궁금

해했다.

당시 미국의 한 주간지는 다음과 같은 글로 사람들의 감정을 대변
했다.

아들 부시가 언론을 상대로 브리핑에 나섰다.

"우리는 1,000만 명의 이라크인과 한 명의 자전거 수리공을 처단할
계획입니다."

CNN 기자가 손을 들고 질문했다.

"자전거 수리공이라고요? 왜 자전거 수리공을 처단하려고 하는 거
죠?"

아들 부시는 옆에 서 있던 럼스펠드의 어깨를 툭 치며 말했다.

"거 봐요, 내 말이 맞죠? 이젠 내 말 믿겠죠? 아무도 이라크인 1,000
만 명에 대해선 신경 쓰지 않는다고요!"

주간지에 따르면 이 얘기는 '세상에서 가장 메스꺼운 농담'이었다.

예상대로 약 47만 명의 미군은 손쉽게 이라크군의 저항을 물리치
고 4월 9일 바그다드를 점령했다. 지상전을 개시한 지 20일 만이었
다. 5월 1일 아들 부시는 대잠공격기 S-3 바이킹Viking을 타고 항공모
함 에이브러햄 링컨USS Abraham Lincoln에 내렸다. 그러고는 "주요 전투 작
전은 종결되었다"고 선언했다. 함교에는 "임무 완수!"라는 현수막을
장식으로 걸어놓았다.

공식적인 종전일인 5월 1일까지 미군 피해는 경미했다. 전사자는
139명, 부상자는 551명이었다. 투입된 병력과 작전 규모를 생각하면

●●● 예상대로 약 47만 명의 미군은 손쉽게 이라크군의 저항을 물리치고 2003년 4월 9일 바그다드를 점령했다. 지상전을 개시한 지 20일 만이었다. 사진은 바그다드 피르도스 광장(Firdos Square)에 있는 사담 후세인 동상을 끌어내리는 모습.

놀랄 정도로 적은 수였다. 그러나 139명의 목숨과 맞바꿀 만한 전쟁인지를 생각해보면 얘기하기 쉽지 않았다. 이라크군 전사자는 2만여 명으로 추정되었다. 이라크 민간인도 최소 7,000명 이상 희생되었다.

결정적으로, 미국 정보기관의 주장과는 달리 어느 곳에서도 대량살상무기는 발견되지 않았다. 미국은 더 이상 대량살상무기에 대해 얘기할 마음은 없는 듯했다. 이제 미군은 이라크에 민주주의 정부가 수립되도록 "이라크에 주둔할 필요"가 있었다. 사라진 후세인과 와해된 이라크군이 이라크 내 미군에게 심각한 위협이 될 가능성은 낮아 보였다.

하지만 전쟁이 별 피해 없이 싱겁게 끝났다는 미 군부의 생각은 사실이 아닐 수도 있었다. 어쩌면 진짜 전쟁은 지금부터 시작일지도 몰랐다.

CHAPTER 5
비용 대비 이득이나 효과를 평가하는 경제성 분석 이론

● 1953년 4월 소련 서기장 이오시프 스탈린Iosif Vissarionovich Stalin이 죽자, 새로 선출된 지 3개월 된 미국 대통령 드와이트 아이젠하워Dwight Eisenhower는 깊은 생각에 잠겼다. 이윽고 미국신문편집인협회에서 전 국민에게 중개되는 연설을 하기로 결심했다. 나중에 '평화를 위한 기회'라는 제목으로 불리게 된 연설의 정점은 다음과 같았다.

"모든 총과 군함과 로켓은 결국 배고프고 춥고 옷도 없는 사람들로부터 훔친 겁니다. 무기로 가득 찬 세상은 단지 돈만 쓴 게 아니라, 노동자들의 땀과 과학자들의 재능, 그리고 아이들의 희망을 허비한 결과입니다. 폭격기 1대의 비용은 30곳 이상의 학교, 12만 명의 시민이 쓸 수 있는 발전소 2곳, 최신식 종합병원 2곳, 혹은 80킬로미터의 콘크리트 도로와 같습니다. 전투기 1대를 사기 위해 50만 부셸의 밀을 지불하고, 구축함 1척을 위해 8,000명 이상이 살 수 있는 새 집을 포기합니다.

(중략) 반복해서 말합니다, 이것이 세상이 택할 수 있는 최선의 삶입니까? 어떤 의미에서도 이건 생명의 길이 될 수 없습니다. 위협적인 전쟁의 먹구름 아래, 인류는 철의 십자가에 매달려 있습니다. (중략) 세상이 다르게 살 방법이 정녕 없겠습니까?"

경제학자들은 이 내용을 "총이냐, 아니면 버터냐?"는 말로 요약하기를 즐긴다. 모두가 총 없이 버터만 가질 수 있다면 당연히 그게 가장 좋다. 그러나 현실적으로 최소한의 총마저 갖지 않을 수는 없다. 가져야 한다면 무엇을 가져야 하는지 그리고 어떤 기준을 택해야 하는지가 문제다. 이번 장에서는 경제적 관점에서 최선의 무기를 선택하기 위한 이론을 살펴보려 한다. 3장 끝부분에서 얘기했듯이 이는 곧 전투원과 엔지니어의 관점이기도 하다.

먼저 최선의 무기란 어떤 것이어야 할지를 생각해보자. 가령, 84억 원짜리 무기와 37억 원짜리 무기가 있다고 치자. 84억 원짜리 무기가 무조건 더 좋다고 할 수 있을까? 그렇지는 않다. 무기의 획득비용은 한 가지 변수일 뿐, 그 자체가 무기의 모든 걸 설명할 수는 없다. 84억 원짜리 무기가 일본 10식 전차고 37억 원짜리 무기가 러시아 T-14 아르마타라는 사실을 알면 더욱 그렇다. 설혹 10식 전차가 더 우수하다고 치더라도 10식 전차 한 대를 살 돈으로 아르마타를 두 대 이상 살 수 있음을 감안하면 가격의 단순 비교로 무기의 우열을 판가름하는 일은 어리석다.

반대로, 이번엔 원형공산오차 circular error probable 혹은 circle of equal probability 가

●●● 미국 미니트맨 III 탄도미사일(왼쪽)의 원형공산오차는 200미터이고, 중국 둥펑-5 탄도미사일(오른쪽)의 원형공산오차는 800미터. 그렇다면 전자가 후자보다 더 좋다고 할 수 있을까? 원형공산오차가 작은 쪽이 더 좋은 것은 사실이지만 그것 하나만 갖고 결론을 내리는 것은 섣부르다. 비용이라든지 그 외에 탄도미사일에 요구되는 다른 성능노 감안해야만 한다. 비봉과 성능 중 한 가지라도 생략되면 제대로 된 경제성 분석을 했다고 애기조차 할 수 없다.

200미터인 탄도미사일과 800미터인 탄도미사일을 생각해보자. 원형 공산오차는 탄도미사일의 정확도를 나타내는 변수로, 예를 들어 설명 해야 이해하기 쉽다. 가령, 목표지점을 기준으로 100발을 쐈다고 하자. 100발의 탄착지점은 목표지점 주위에 어지럽게 형성된다. 가장 가깝게 떨어진 것부터 차례대로 세어 50번째 탄도탄의 탄착지점과 목표지점 사이의 거리가 바로 원형공산오차다.

그렇다면, 전자가 후자보다 더 좋다고 할 수 있을까? 원형공산오차 가 작은 쪽이 더 좋은 것은 사실이지만 그것 하나만을 갖고 결론 내리 는 것은 섣부르다. 비용이라든지 그 외에 탄도미사일에 요구되는 다 른 성능도 감안해야만 한다. 참고로, 위의 원형공산오차는 미국 미니 트맨 Minuteman III와 중국 둥펑東風-5의 실제 수치다.

위의 상징적인 두 예로부터 최소한 두 가지 사항의 검토가 최선의 무기 선택에 꼭 필요함을 알 수 있다. 그것은 바로 무기의 비용과 성능이다. 비용과 성능 중 한 가지라도 생략되면 제대로 된 경제성 분석을 했다고 얘기조차 할 수 없다. 그렇다고 비용과 성능을 각각 나열하는 것만으로는 충분하지 않다. 비용과 성능의 나열은 단순 비교일 뿐이다. 물론, 이것만으로도 충분한 경우도 있을 수 있다. 가령, 두 무기 A와 B를 비교하는 경우 A가 값이 싸면서 성능도 더 좋다면 주저할 이유가 없다. 그러나 이런 경우는 그렇게 흔하지 않다.

경제학에는 대상을 막론하고 경제성 분석에 쓸 수 있는 이론이 있다. 바로 비용-이득 분석Cost–Benefit Analysis, CBA이다. 경제성이란 단어 자체가 이득 대 비용의 관계로 정의됨을 생각하면 지극히 당연한 얘기다. 이득 대신 편익이라는 말을 쓰는 사람들도 있지만 경제적 혜택을 이득이라고 번역하는 쪽이 오해가 적다. 이 책에서는 비용-이득 분석이라는 말을 일관되게 쓰려고 한다. 비용-이득 분석은 사실 경제학보다는 경영과학, 통계학, 의사결정론, 그리고 작전연구에 기반을 둔 통합적 분석이다.

무기의 결정에서 비용-이득 분석은 실제로 핵심적인 역할을 맡고 있다. 일례로, 미 육군은 "육군의 자원과 관련된 어떠한 결정도 비용-이득 분석에 의해 입증될 것"을 명시적으로 의무화했다. 세상물정 모르는 이들의 '이래도 그만이고 저래도 그만인' 이론이 아니라는 얘기다.

비용-이득 분석을 세계 최초로 수행한 사람은 프랑스 엔지니어 쥘 뒤피Jules Dupuit다. 1804년에 이탈리아 북부 포사노Fossano에서 태어난 뒤피는 프랑스 에콜 폴리테크니크École Polytechnique를 졸업했다. "엑스(X)"

라는 별칭으로도 잘 알려진 에콜 폴
리테크니크는 최고의 엔지니어를
교육시키는 고등교육기관으로 현재
도 명성이 자자하다. 원래 엔지니어
란 공성무기인 '엔진'을 만드는 사람
을 의미했다. 뒤피가 정립한 비용-
이득 분석이 무기의 경제성을 분석
하는 핵심적인 도구가 되었다는 사
실은 그래서 전혀 어색하지 않다.

뒤피는 자신의 비용-이득 분석
을 가리켜 '경제적 회계'라고 불렀
다. 실제 회계처럼 나간 돈(비용)과
들어온 돈(이득)을 따져봐야 한다는

●●● 경제학에는 대상을 막론하고 경
제성 분석에 쓸 수 있는 이론이 있다. 바
로 비용-이득 분석이다. 비용-이득 분석
을 세계 최초로 수행한 사람은 프랑스
엔지니어 쥘 뒤피(사진)다. 무기의 결정
에서 비용-이득 분석은 실제로 핵심적인
역할을 맡고 있다. 미 육군은 "육군의 자
원과 관련된 어떠한 결정도 비용-이득
분석에 의해 입증될 것"을 명시적으로
의무화했다.

의미였다. 회계에서는 나간 돈이 들어온 돈보다 많은 경우 문제가 있
다고 본다. 여기서 이득이란 구체적인 현금이 아니더라도 경제적 혜
택을 돈으로 환산한 결과다. 가령, 100원의 돈을 들였는데 궁극적으
로 돌아오는 이득이 100원에 못 미친다면 그런 일을 해서는 안 된다
는 게 회계의 기본정신이기도 하다.

비용-이득 분석을 최초로 공식 채용한 단체는 어딜까? 놀랍게도 그
주인공은 바로 미 육군 공병단이다. 1902년 미국에서 미국하천항만
법이 제정되면서 미 육군 공병단에게는 비용과 상업적 이득을 비교하
여 개별 프로젝트의 유용성을 입증할 의무가 생겼다. 이어 1936년 연
방항해법은 "모든 관련자에게 누적되는 이득이 추정되는 비용을 능가

할 때만 수로 개선 프로젝트를 수행할 수 있다"고 좀 더 구체적으로 미 육군 공병단에게 요구했다. 이처럼 경제성 혹은 경제적 효율성이란 엔지니어들에게 당연하고 친숙한 개념이다.

이제 본격적으로 비용-이득 분석을 수행하는 방법을 알아보도록 하자. 사실, 핵심적인 사항은 이미 얘기한 거나 다름없다. 어떤 특정 프로젝트가 있다고 하자. 무기의 경우라면 고려 중인 특정 무기체계를 도입할지 말지가 관심사항이다. 비용-이득 분석을 위해서는 우선 비용을 구하고, 이어 무기 도입에 따른 이득을 구해야 한다. 가령, 어떤 무기의 비용이 100억 원이고 이득이 120억 원이면 무기를 도입해야 한다고 결론 내린다. 반대로, 비용은 90억 원인데 이득이 80억 원밖에 되지 않으면 무기를 도입하지 말아야 한다. 어느 누구도 여기까지 내용에 동의하지 않을 리는 없다.

통상적인 비용-이득 분석은 위에서 그친다. 하지만 '이득이 비용을 능가하는 경우만 프로젝트를 채택한다'는 의사결정 기준만 갖고는 해결할 수 없는 상황도 있다. 예를 들어, 세 종류의 무기 A, B, C가 있다고 하자. A의 비용과 이득은 각각 (100억 원, 150억 원), B는 (200억 원, 240억 원), C는 (50억 원, 80억 원)이라고 하자. 무기를 사는 데 쓸 수 있는 돈이 무제한이라면 셋 다 사면 된다. 하지만 예산이 무제한이라는 가정은 별로 현실적이지 못하다.

예산이 한정된 경우는 재무론의 자본할당에 대한 이론을 빌려다 쓰면 된다. 짧게 얘기하면, 예산이 한정된 경우 이득에서 비용을 뺀 순이익을 최대로 하는 무기를 택해야 한다. A의 순이익은 50억 원, B의 순이익은 40억 원, C의 순이익은 30억 원이다. 가령, 쓸 수 있는 최대 돈이 200억 원이라고 하자. 만약, A와 B와 C를 최대 각기 1대씩만 살 수 있다는 조건이 있다면, A와 C를 1대씩 사는 쪽이 최선이다. 왜냐 하면 이때의 순이익이 80억 원으로 가장 크고, 비용도 150억 원으로 예산 이내기 때문이다. 반면, B를 택하면 더 이상 다른 것을 살 수 없 고 순이익도 50억 원에 그친다. 각각 1대씩만 살 수 있다는 조건을 없 애면 다른 결론이 나올 수 있지만 이쯤에서 그치고 더 이상 깊이 들어 가지는 말자.

그런데 비용-이득 분석에 의존해 최선의 무기를 선정하는 데에는 한 가지 커다란 문제가 있다. 바로 무기의 이득을 어떻게 금전적 가치 로 환산하느냐다. 이득에 비해 무기비용은 상대적으로 쉽다. 제조 원 가를 따져볼 수도 있고 무기시장 내 구입가격을 볼 수도 있다. 반면, 이득은 모호하기만 하다. 단적으로, 무기가 제공해주는 궁극적인 혜 택은 국방이다. 국방은 공공재기에 그 혜택을 돈으로 환산하기 극히 어렵다. 여러 이론이 있지만 어느 이론도 만족스럽지 않다. 원래 불가 능한 일이라고 봐도 무방하다.

이 문제에 대한 유일한 대안은 돈이 아닌 다른 기준으로 표현된 이 득 간 비교다. 군사경제학에서는 이를 효과라고 부른다. 즉, 비용-이 득 분석이 아니라 비용-효과 분석Cost-Effect Analysis, CEA이다. 비용-효과 분석 대신 시스템 분석이라고 칭하는 경우도 있다. 비용-효과 분석은 방법론적으로 비용-이득 분석과 다르지 않다. 다만, 관찰 변수가 이 득에서 효과로 바뀌었을 뿐이다.

무기의 효과는 정의하기 나름이다. 앞에서 언급한 탄도미사일의 원 형공산오차는 틀림없는 효과의 한 예다. 그러나 원형공산오차 외에도 사정거리나 탄두 파괴력 등도 얼마든지 효과로 거론될 수 있다. 또, 어떤 무기냐에 따라 효과는 달라진다. 가령, 대전차포라면 관통력이, 야포나 박격포라면 살상반경이 효과가 될 테다. 어느 경우든 간에 효과는 객관적으로 측정이 가능해야 한다. 다시 말해, 객관적인 측정이 불가능한 변수가 효과가 되어서는 곤란하다. 주관적인 사항을 효과로 놓고 수행한 경제성 분석은 신뢰하기 어렵다.

실제의 무기 선정에서 기본적인 수준의 비용-효과 분석만으로 끝내는 경우는 드물다. 예외 없이 비용-효과 분석을 보완하는 다른 분석 기법과 기준이 동원된다. 그중 이른바 대안 분석analysis of alternatives이 가장 대표적이다. 대안 분석은 기본적으로 비용-효과 분석과 크게 다르지 않다. 대안 분석도 무기의 비용과 효과에 대한 객관적인 정보를 기반으로 한다. 가장 큰 차이점은 바로 선택 가능한 여러 대안을 상정하도록 하여 그중 최선의 대안을 택하도록 강제한다는 점이다.

구체적으로 무슨 차이가 있는지 예를 들어 설명해보자. 특정 무기의 비용과 효과를 평가하면 개별적인 비용-효과 분석은 수행한 셈이다. 그러나 이것만으로는 아무런 결론도 내릴 수 없다. 왜냐하면 효과가 더 이상 금전적 가치가 아니기에 그 자체로 충분히 경제적인지 아닌지를 판단할 방법이 없기 때문이다. 분석이 의미를 가지려면 상대적 비교는 필수다. 선택이 가능한 여러 무기를 모두 검토하여 그중 최선의 무기를 택하라는 게 대안 분석의 근본정신이다.

대안 분석 또한 전 세계 주요 국가에서 활용되는 경제성 분석 기법이다. 가령, 2006년도 미 국방부 공식 문서에 의하면, 대안 분석은 "확립된 (군사적) 필요역량을 충족하는 여러 대안에 대해 작전 시 효과성, 적합성, 그리고 수명주기상 비용을 분석하여 비교하는 것"으로 정의된다. 한편, 영국은 대안분석이라는 말 대신 '돈에 대한 가치'라는 용어를 쓴다. 표현은 다르지만 핵심 내용은 다르지 않다.

대안 분석을 실제로 수행할 때 저지르기 쉬운 실수 한 가지가 있다. 경제성 분석이 뭔지 잘 안다고 자만할수록 더 범하기 쉬운 실수다. 그건 바로 비용과 효과의 비율을 통해 대안 간 우열을 판가름하는 실수다.

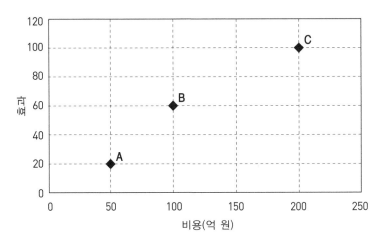

〈그림 5.1〉 무기 A, B, C의 비용과 효과 비교

예를 들어 설명해보자. 대안 분석을 수행하려면 우선 각각의 무기에 대한 비용-효과 분석을 수행해야 한다. 세 회사 A, B, C의 무기에 대해 비용과 효과를 분석한 결과 각각 (50억 원, 20), (100억 원, 60), (200억 원, 100)임을 확인했다고 하자. 이를 그래프로 나타낸 결과가 〈그림 5.1〉이다.

세 무기의 효과를 각각의 비용으로 나누면, 0.4, 0.6, 0.5가 나온다.

즉, 비용 대 효과의 비율로 보자면 B가 제일 높고, 그 다음이 C, 제일 낮은 쪽은 A다. 그림상으로도 확인이 가능한데, B가 원점에 대한 기울기가 제일 크다. 이 결과를 갖고 B가 최선의 무기라고 결론 내리기 쉽다.

이와 같은 비교가 잘못인 가장 결정적인 이유는 서로 간 조건이 동일하지 않다는 데 있다. 가령, 회사 C는 무기 성능을 최대로 높이기 위해 다른 회사보다 더 고가인 시스템을 채용하고 개발비도 더 많이 썼을 수 있다. 혹은 단순히 더 많은 돈을 남기기 위해 일단 가격을 높였을 수도 있다. 회사 A도 마찬가지다. 성능은 떨어져도 싼 가격에 신뢰성이 검증된 무기 다수를 보유하는 게 더 효과적이라는 철학 하에 50억 원짜리 무기를 제안했을 수 있다.

다시 말하자면, A, B, C 회사에게 동일한 조건을 부여했을 때, 어떤 결과가 나올지 아무도 모른다. 예를 들어, 회사 C가 무기 성능을 낮춰 100억 원짜리를 만들었다고 해보자. 그 경우 효과가 200억 원일 때의 반인 50이 된다는 보장이 없다. 회사 A가 만들 100억 원짜리 무기의 효과도 50억 원일 때 효과의 2배인 40보다 더 클 수 있다. 회사 B도 막상 100의 효과를 얻으려면 관련 테크놀로지가 없어서 비용이 250억 원까지 올라갈 수도 있다.

결국, 올바른 대안 분석을 수행하려면 여러 대안의 조건을 일치시켜야 한다는 결론에 도달한다. 방법은 둘 중 하나다. 비용을 일치시키거나 혹은 효과를 일치시켜야 한다.

비용을 일치시키는 쪽을 먼저 보자. 비용을 일치시키는 방법은 두 가지다. 하나는 확정된 예산을 결정하고 그 예산에 맞춰 무기를 제안하도록 하는 경우다. 다른 하나는 처음에는 알아서 제안하라고 한 후, 그중 하나를 기준으로 삼아 나머지 회사들에게 다시 제안하라고 요구하는 경우다. 어느 쪽이든 최종적으로는 비용이 동일한 여러 대안의 효과를 서로 비교하여 결정을 내리면 된다.

효과를 일치시키는 방법도 유사하다. 처음부터 확정된 효과를 주고 그에 맞춘 무기를 구입하려면 비용이 얼마나 드는지를 비교하는 방법이 한 가지라면, 처음에는 알아서 제안하게 하고 그중 하나를 골라 다시 비용을 계산하게 하는 방법이 다른 한 가지다.

비용을 일치시키는 경우를 상징적으로 'bang for the buck'이라고 부르기도 한다. 뱅bang은 폭탄이 터질 때의 "쾅, 팡" 같은 소리고, 벅buck은 1달러를 뜻하는 단어다. 즉, 달러당 폭탄이 얼마나 세게 터지나를 나타낸다. 이러한 표현은 1954년 미국의 국방장관 찰스 윌슨Charles Wilson이 최초로 사용했다. 카네기대에서 전기공학을 공부한 윌슨은 국방장관이 되기 전 미국 자동차회사 제네럴 모터스General Motors의 사장이었다. 국방장관으로 일한 4년 동안 윌슨은 지나치게 비대해진 미국 국방예산을 줄이고 효율성을 높이기 위해 애썼다.

효과를 일치시키는 쪽도 상징적인 표현이 하나 있다. 바로 'cost per-kill'이다. 하지만 적군 1명 사살 혹은 적 전차 1대 파괴가 적절한 효과냐는 반론도 적지 않다. 특히, 효과를 이런 식으로 정의한다면 현재 개발 중인 무기의 효과는 관찰할 방법이 아예 없다.

비용을 일치시키는 쪽과 효과를 일치시키는 쪽 중 어느 쪽이 좀 더 흔할까? 대개 무기획득 결정은 전자다. 즉, 비용을 일치시켜놓고 비교하는 경우가 많다. 비용을 일치시키는 쪽은 '위협 기반'의 군사예산

책정과 연결되고 효과를 일치시키는 쪽은 '능력 기반'의 군사예산 책정에 이어진다. 아무래도 아직은 위협 기반의 무기정책이 주류인 탓에 효과를 일치시키는 대안 분석은 드물다. 그렇지만 능력 기반의 무기정책이 앞으로 지향해야 할 방향임을 부인하기는 어렵다.

올바른 대안 분석을 수행하기 위해서는 어떠한 사항을 주의해야 할까? 첫째로, 선택 가능한 대안을 빠짐없이 망라해야 한다. 유력한 대안이 될 수 있는 무기 자체를 아예 빼놓고 수행한 대안 분석이 올바른 분석일 리는 없다. 대안을 나열할 때 저지르는 가장 대표적인 실수는 바로 기존 무기를 유지하는 방안을 고려하지 않는 경우다. 기존 무기 수명을 연장하거나 개량하는 가능성을 배제한 채로 이뤄지는 대안 분석은 그 자체로 왜곡된 분석이기 쉽다.

둘째로, 비용을 제대로 계산해야 한다. 비용에 관련된 이슈는 크게 두 가지로 나뉜다. 하나는 무기비용을 계산할 때 획득비용만 고려하는 경우다. 대안 분석에서 필요한 무기비용은 이른바 수명주기비용이다. 수명주기비용이란 무기획득비용에다 획득 후 발생할 2차적인 비용을 다 더한 비용이다. 다시 말해, 운용 및 정비비용이 포함되어야 한다. 빠뜨리기 쉬운 또 다른 항목으로 폐기비용이 있다. 특히, 유해물질을 수반하는 무기라면 폐기비용이 더 클 수 있다. 이런 장래의 모든 비용을 포함해야 올바른 분석이 가능하다.

수명주기비용을 감안하지 않으면 무기 선정 시 잘못된 판단을 내리기 쉽다. 대표적인 예가 구입하는 무기 전체가 장래에도 처음과 동일한 효과를 갖는다고 가정하는 경우다. 하지만 운용 및 정비비용을 간과한 결과 보유한 무기를 100퍼센트 활용하지 못하는 일이 심심치

●●● 수명주기비용이란 무기획득비용에다 획득 후 발생할 2차적인 비용을 다 더한 비용이다. 다시 말해, 운용 및 정비비용이 포함되어야 한다. 그런데 수명주기비용을 감안하지 않으면 무기 선정 시 잘못된 판단을 내리기 쉽다. 일례로 1991년에 양산이 시작된 프랑스의 전차 르클레르(사진)는 서방세계를 대표하는 3세대 전차라고 칭송이 자자했다. 그렇지만 2007년 기준 운용 및 정비비용이 과도하게 높아 가동률이 채 40퍼센트가 안 된다.

않게 벌어진다. 일례로, 1991년에 양산이 시작된 프랑스의 전차 르클레르Leclerc는 서방세계를 대표하는 3세대 전차라고 칭송이 자자했다. 그렇지만 2007년 기준 운용 및 정비비용이 과도하게 높아 가동률이 채 40퍼센트가 안 된다.

비용에 관련된 두 번째 이슈는 무기를 개발하는 경우다. 이미 다른 나라에서 사용 중인 무기를 구매하는 경우라면 적어도 획득비용만큼은 크게 빗나가지 않는다. 하지만 아직 양산된 적이 없는 개발 중인 무기를 미리 구매하거나 혹은 직접 개발하는 경우, 예측된 비용이 실제와 크게 어긋나곤 한다. 무기의 경제성이란 결국 비용과 효과의 관계기 때문에 그 한 축인 비용이 잘못 추정되면 잘못된 의사결정을 내릴 수밖에 없다.

아직 개발이 완료되지 않은 무기 비용을 예측하는 방법에는 크게 세 가지가 있다. 첫 번째는 과거에 개발된 비슷한 무기를 찾아서 얼마쯤 드는지를 추측하는 방법이다. 두 번째는 무기에 대한 몇 가지 변수를 가정한 후 이를 통해 통계적으로 추정하는 방법이다. 마지막 세 번째는 무기의 세부구성요소를 분석한 후 상향식으로 실제 비용을 예상하는 방법이다. 이 중 가장 정확한 방법은 세 번째지만 분석에 시간과 비용이 많이 든다. 가장 단순한 방법은 첫 번째지만 당연히 제일 부정확하다. 세 방법은 개발 단계에 따라 상호 보완적으로 사용되어야 한다.

올바른 대안 분석을 위해 주의해야 할 마지막 세 번째 사항은 당연히 효과를 제대로 계산해야 한다는 점이다. 미리 내려놓은 결론에 짜맞추기 위해 효과를 임의로 조작하려는 유인은 언제나 강력하다. 이는 9장과 13장에서 다룰 보다 고급의 경제성 분석 이론에도 그대로 적용되는 얘기다. 무기 평가 기준이 중도에 바뀌었다는 사실은 그 자체로 선정 과정이 불공정했다는 증거다.

한마디로, 경제성 분석에서 쓰레기를 집어넣으면 반드시 쓰레기가 나온다.

CHAPTER 6
장갑을 추가한 험비와 엠랩 중 비용 효과적인 대안은?

● 2003년 5월 1일 아들 부시의 종전 선언에도 불구하고 이라크 내 미군의 전투 행위는 계속되었다. 바그다드 함락과 무관하게 이라크군은 조직적인 혹은 게릴라전 방식의 저항을 그치지 않았다. 당연히 미군도 손실을 계속 입었다. 2003년 12월까지 매달 평균 미군 43명이 전사했다. 부상자 평균은 233명이었다. 이러한 평균 사상자 수는 두 달 간의 공식적인 전쟁 기간에 발생한 평균 사상자의 80퍼센트에 달했다.

그래도 미군은 이라크 반군의 저항을 잠재울 수 있으리라는 희망을 버리지 않았다. 2003년 12월 13일, 티크리트Tikrit의 작은 땅굴에 숨어 있던 후세인이 드디어 체포되었다. 체포 당시 후세인의 초점 잃은 허름한 모습에 전 세계는 다소 충격을 받았다. 이라크군의 조직적인 저항을 이끄는 지휘관이라기보다는 단순한 도망자처럼 보여서였다. 이제 '악의 축'의 가장 핵심적인 인물은 사라졌다. 미 국방부 얘기대로라면 전쟁은 그걸로 끝나야 했다. 후세인은 2006년 12월 30일 교수형에 처해졌다.

2004년 2월, 미군 사망자와 부상자가 각각 19명, 150명까지 떨어지자 안정이 찾아오는 듯했다. 그러나 그것은 착각이었다. 2004년 3월 2일, 바그다드와 카르발라Karbala에서 여러 차례 차량폭탄 공격이 발생했다. 200명가량이 목숨을 잃었다. 3월 31일, 팔루자Fallujah에 있던 미국 민간군사기업 블랙워터Blackwater 소속 용병 4명이 매복에 걸려 죽었다. 이라크 반군은 용병 시체를 유프라테스Euphrates 강 교량에 매달았다. 미 해병대는 곧장 보복에 나섰다. 이른바 1차 팔루자 전투First Battle of Fallujah였다. 4월 말까지 미군은 반군 200여 명을 죽였다. 같은 기간 미군 사망자와 부상자는 148명과 1,214명으로 치솟았다.

5월 1일, 미 해병1사단을 지휘하던 중장 제임스 콘웨이James T. Conway는 팔루자 지역에서 미군이 철수한다고 발표했다. 민간인과 잘 구별되지 않는 이라크 반군과 전투를 치르면서 입은 손실 규모는 미군이 감내할 수 있는 한계를 넘었다. 대신 팔루자 지역 안전은 미국 중앙정보청CIA이 훈련시킨 이라크 민병대, 일명 팔루자 여단이 담당하기로 했다. 우습게도 팔루자 여단의 지휘관은 팔루자로 진입하자마자 후세인 시절에 입던 공화국 수비대 군복으로 갈아입었다. 미군이 팔루자 여단에 제공한 무기는 그대로 반군 손에 넘어갔다.

2004년 11월 7일, 미군은 2차 팔루자 전투Second Battle of Fallujah를 개시했다. 약 1만 명의 미군과 2,000명의 이라크 민병대, 850명의 영국군은 약 4,000명의 반군을 압도했다. 미군 전차 에이브럼스Abrams는 매일 대당 평균 전차포탄 24발과 기관총탄 2,500발을 발사했다. 이라

●●● 2004년 11월 7일에 개시된 2차 팔루자 전투에서 미군 전차 에이브럼스는 매일 대당 평균 전차포탄 24발과 기관총탄 2,500발을 발사했다. 이라크 반군은 1,200명 이상 사망하고 1,500명을 포로로 잃었다. 12월 23일 작전 종료까지 다국적군 손실은 사망 107명, 부상 613명에 그쳤다. 틀림없는 전술적 승리였다. 그러나 11월 미군 전체 피해는 사망 140명, 부상 1,427명까지 올라갔다. 매달 700명에서 900명의 미군이 반군 공격에 의해 쓰러졌다. 이제 미군이 그토록 꺼리던 게릴라전에 말려들었다는 사실이 어느 누구의 눈에도 분명했다. 이라크 반군은 대적하기 쉽지 않은 상대였다.

크 반군은 1,200명 이상 사망하고 1,500명을 포로로 잃었다. 12월 23일 작전 종료까지 다국적군 손실은 사망 107명, 부상 613명에 그쳤다. 틀림없는 전술적 승리였다.

그러나 11월 미군 전체 피해는 사망 140명, 부상 1,427명까지 올라갔다. 매달 700명에서 900명의 미군이 반군 공격에 의해 쓰러졌다. 이제 미군이 그토록 꺼리던 게릴라전에 말려들었다는 사실이 어느 누구의 눈에도 분명했다. "2차 팔루자 전투는 제2차 세계대전 때 이오지마 전투에 필적할 만한 승리"라는 자화자찬도 소용이 없었다. 사실, 미군에게 이오지마 전투는 이기기는 했지만 피해가 너무 큰 '피루스의 승리Pyrrhic victory'의 대표격이었다.

이라크 반군은 대적하기 쉽지 않은 상대였다. 이라크 정규군이라면 압도적인 전력을 자랑하는 미군의 항공전력이나 화력을 통해 손쉽게 물리칠 수 있었다. 하지만 반군은 언제, 어디에, 어떻게 나타날지 알 수가 없었다. 미군은 소수 거점을 방어하기에 급급했다. 공격해온 반군을 물리칠 수는 있지만 공격을 개시하는 주도권을 반군이 쥐고 있기에 미군도 피해를 완전히 면할 수 없었다.

반군의 대표적인 공격 방법은 바로 자살폭탄 공격이었다. 자살폭탄 공격은 애초부터 끊이지 않았다. 2003년 8월 7일, 미군의 이라크 점령 후 최초 차량폭탄 공격의 대상은 요르단 대사관이었다. 이어 8월 19일, 트럭에 실린 폭탄이 카날 호텔Canal Hotel에서 터지면서 국제연합 차기 사무총장으로도 거론되던 브라질인 세르지오 비에이라 드 멜로Sérgio Vieira de Mello를 포함한 22명이 숨졌다. 미군도 2004년 5월, 무카리디브에서 결혼식을 거행하던 두 가족을 공격해 42명을 죽였다.

이라크 반군은 특히 급조폭발물Improvised Explosive Device, IED을 애용했다. 그들 입장에서 미군과 화력으로 일대일로 맞서려는 시도보다 더 어리석은 공격 방법은 있을 수 없었다. 원시적인 방법으로 제작된 급조폭발물은 그 엉성함으로 인해 오히려 더 감지하기가 쉽지 않았다. 이라크에 주둔한 미군의 가장 큰 골칫거리는 바로 반군의 대전차로켓 RPG-7과 급조폭발물이었다.

2차 팔루자 전투가 한창이던 2004년 12월 8일, 미국 국방장관 럼스펠드Donald Rumsfeld는 쿠웨이트에 위치한 캠프 부어링Camp Buehring을 방문했다. 곧 이라크로 배치될 미군을 격려하기 위해서였다. 기술적으

●●● 이라크 반군은 특히 급조폭발물(사진)을 애용했다. 그들 입장에서 미군과 화력으로 일대일로 맞서려는 시도보다 더 어리석은 공격 방법은 있을 수 없었다. 원시적인 방법으로 제작된 급조폭발물은 그 엉성함으로 인해 오히려 더 감지하기가 쉽지 않았다. 이라크에 주둔한 미군의 가장 큰 골칫거리는 바로 반군의 대전차로켓 RPG-7과 급조폭발물이었다.

로 보면 이라크에서 미군은 전쟁 중이 아니었다. 그러나 분위기는 싸했다. 테네시에서 온 사병 토머스 윌슨Thomas Wilson은 분노한 표정으로 럼스펠드에게 물었다.

"왜 우리 군인들이 우리 차량의 장갑을 두껍게 하기 위해 고철조각과 큰 도움 안 되는 방탄유리를 구하려고 현지 쓰레기장을 뒤져야 합니까?"

럼스펠드의 연설을 듣기 위해 모였던 2,300명의 미군 병사는 박수와 환호성으로 동감을 표했다. 분위기가 마음에 들지 않는다는 표정으로 럼스펠드는 답했다.

"돈이 문제가 아닙니다. 육군이 원하지 않아서도 아니에요. 이는 생산능력 문제입니다. 여러분도 알다시피, 여러분은 있는 그대로의 육군과 함께 전쟁 중이죠."

럼스펠드의 대답은 결코 설득력 있게 들리지 않았다. 테네시 주방위군 대령 존 짐머맨John Zimmermann은 "우리 차량의 장갑은 별로 도움이 안 됩니다. 그건 병사들에게 정말로 좌절 그 자체죠"라고 말했다. 짐머맨은 자신의 연대가 보유한 300대 차량 중 95퍼센트가 적절한 장갑을 갖고 있지 않다고 지적했다. 전날의 질의와 응답이 언론에 대서특필되자 럼스펠드는 다음날인 12월 9일 다시 해명했다. "군인은 원래 현재 상태로 전쟁을 하기 마련이며, 미래 상태나 혹은 자신이 원하는 군대와 함께 전쟁을 할 수는 없다"고 말이다. 군사변환을 한다며 천문학적인 돈을 펑펑 쓰던 럼스펠드가 자신들의 안전에는 콧방귀도 뀌지 않는다며 미군 병사들은 냉소했다.

이라크 현지의 미군은 자신들이 맞서 싸워야 하는 적이 누군지 잘 알았다. 그건 매복과 기습, 그리고 저격을 밥 먹듯이 하는 게릴라였다. 반군은 수송과 통신 등에 종사하는 소수 차량을 주요 공격대상으로 삼았다. 이들 호송대는 엄호가 별로 없고 외딴곳을 지나는 탓에 치고 빠지기 딱 좋았다. 차 타고 가다 적도 보지 못한 채로 이상한 사제폭탄에 의해 죽거나 다치는 가능성에 미군병사들은 치를 떨었다. 그들이 보기에 차량 장갑 강화만이 유일한 해결책이었다.

2003년 이라크를 침공했을 때, 미군 주력 전술차량은 1세대 험비인 M998이나 M1038이었다. 험비의 공식 명칭은 고기동다목적차량High Mobility Multipurpose Wheeled Vehicle으로 영어 단어 알파벳 앞 글자를 모으면 HMMWV가 된다. 이걸 발음 나는 대로 읽은 결과가 험비다. 1983년에 양산이 시작된 1세대 험비는 5만 대 이상이 미군에게 납품된 히트상품으로 걸프전에서 맹활약했다. 병사들은 힘 좋고 튼튼한 험비를 좋은 친구로 여겼다. 이때까지만 해도 험비의 문제점을 지적하는 사람은 거의 없었다.

미 국방부가 1세대 험비의 문제점을 발견한 사건은 1992~1993년 소말리아 내전^{Somali Civil War}이었다. 〈블랙 호크 다운^{Black Hawk Down}〉이라는 영화로도 유명한 일련의 전투에서 험비는 약점을 드러냈다. 대전차로켓까지는 그렇다 쳐도 소화기에도 관통 당하는 전면 유리와 측면 문짝은 확실히 전투 상황에서 취약했다. 이러한 문제점을 해결하고자 이른바 2세대 험비인 M1114가 1996년부터 양산에 들어갔다. 크기가 커졌을 뿐만 아니라 엔진 힘도 좋아졌고 무엇보다도 방탄유리와 강화철판을 갖춰 소화기 공격을 견딜 수 있었다. 그러나 소수의 M1114조차도 이라크전에서는 무용지물에 가까웠다.

여론이 좋지 않자 미 국방부는 검토에 들어갔다. 명백한 해결책은 방호력이 강화된 전술차량의 제공이었다. 그걸 국방부가 나서서 해주질 않으니 병사들이 직접 누더기 장갑을 구해와 자기 손으로 험비에 붙였다. 한편, 럼스펠드의 변명 중에는 진실도 일부 있었다. 대당 무게가 1톤에 육박하는 추가장갑 키트의 생산과 장착에는 시간이 필요했다.

당시 미군이 택할 수 있는 대안은 크게 세 가지였다. 첫 번째 대안은 장갑이 없다시피 한 기존 험비를 그대로 유지하는 방안이었다. 이른바 "깡통 험비"는 가격이 대략 5,000만 원이었다. 대신, 미군 피해는 줄어들 리 없었다.

두 번째 대안은 병사들이 원하는 대로 기존 험비에 추가장갑 키트를 장착해주는 방안이었다. 추가장갑 키트를 장착하기 위한 대당 소요비용은 약 1억 7,000만 원이었다. 험비 1만 대를 개조한다면 1.7조

M998 HMMWV　　　　　　　　　　**M1114 HMMWV**

●●● 2003년 이라크를 침공했을 때, 미군 주력 전술차량은 1세대 험비인 M998(왼쪽 사진)
이나 M1038이었다. 1983년에 양산이 시작된 1세대 험비는 걸프전에서 맹활약했다. 그러나
1992~1993년 소말리아 내전에서 험비는 전면 유리와 측면 문짝이 소화기에도 관통당하는 등 전
투 상황에서 취약함을 드러냈다. 이러한 문제점을 해결한 2세대 험비인 M1114(오른쪽 사진)는
크기가 커졌을 뿐만 아니라 엔진 힘도 좋아졌고 무엇보다도 방탄유리와 강화철판을 갖춰 소화기
공격을 견딜 수 있었다. 그러나 소수의 M1114조차도 이라크전에서는 무용지물에 가까웠다.

원이 들고, 2만 대를 개조한다면 3.4조 원이 들 프로젝트였다. 결코
적은 돈이 아니었지만 들인 돈 이상 효과가 있다면 마다할 일이 아니
었다.

　현장의 병사들이 반색하는 두 번째 대안에 대해 결코 우호적이지
않은 집단이 있었다. 바로 무기회사들이었다. 무기회사들은 추가장갑
키트는 가장 큰 골칫거리인 급조폭발물에 별로 효과가 없다고 주장했
다. 차량 아래에서 주로 터지는 급조폭발물에 대응하기 위해 추가장
갑을 험비 아래에 붙일 수는 없다는 논리였다. 추가장갑판이 애초 디
자인 단계부터 고려된 게 아니다 보니 차량 성능에 무리를 준다는 지
적도 잊지 않았다.

　무기회사들이 바라는 세 번째 대안은 새로운 전술차량의 개발이었
다. 당시 미 해병대는 별로 이름 없는 회사가 개발한 '쿠가Cougar'라는

●●● 쿠가(사진)는 전술차량이라기보다는 장갑차에 가까웠다. 쿠가 제조 회사는 무엇보다도 쿠가가 급조폭발물에 견딜 수 있다고 홍보했다. 쿠가의 차체 아랫부분이 V자 모양으로 생겨 지뢰나 급조폭발물의 폭발에너지를 분산시킨다는 주장이었다. 이런 류의 차량은 이후 엠랩이라고 불렸다. '지뢰를 견디고, 매복에 보호된다'는 말의 약어였다. 대당 구매비용은 무려 6억 원에 달했다. 럼스펠드의 뒤를 이어 국방장관이 된 로버트 게이츠는 엠랩 획득을 미 국방부의 최우선 사항으로 정했다. 그러나 보병부대의 경우, 추가장갑형 험비에서 엠랩으로 갈아탄 후 사망률과 부상률 모두 사실상 아무런 변화가 없었다. 엠랩을 도입하기로 한 결정은 전혀 비용 효과적이지 않았다.

4륜 혹은 6륜 구동 차량을 시험 중이었다. 무게가 17톤이 넘고 12.7 밀리미터 기관총의 측면 공격을 견딜 수 있는 쿠가는 전술차량이라기보다는 장갑차에 가까웠다. 회사는 무엇보다도 쿠가가 급조폭발물에 견딜 수 있다고 홍보했다. 쿠가의 차체 아랫부분이 V자 모양으로 생겨 지뢰나 급조폭발물의 폭발에너지를 분산시킨다는 주장이었다. 이런 류의 차량은 이후 엠랩MRAP, Mine-Resistant, Ambush Protected이라고 불렸다. '지뢰를 견디고, 매복에 보호된다'는 말의 약어였다. 대당 구매비용은 무려 6억 원에 달했다. 무기회사들은 군침을 흘렸다.

2004년 1월 기준, 미 육군은 이라크에서 전술차량 1만 8,300대를 운용했다. 이 중 1만 2,600대가 기본형 험비였고, 나머지 5,700대가 추가장갑이 달린 험비였다. 당시, 이라크 내 미 육군 병력은 11만 4,000명이었다. 즉, 병력 10명당 약 1.6대의 차량이 있었다. 기본형 험비는 지속 증가해 2005년 7월 1만 6,000대에 이르렀다.

럼스펠드의 미 국방부는 우선 두 번째 대안을 선택했다. 2005년 8월부터 추가장갑판을 가진 험비의 수가 본격적으로 늘기 시작했다. 2007년 6월에는 그 수가 1만 6,000대에 달했다. 같은 시점에 기본형 험비 수는 5,000대에 못 미쳤다. 2008년 1월이 되자 이제 이라크에 기본형 험비는 단 한 대도 남아 있지 않았다.

그런데 흥미로운 일이 벌어졌다. 2006년 12월에 럼스펠드의 뒤를 이어 국방장관이 된 로버트 게이츠Robert Gates는 2007년 5월 8일, "엠랩이 미군에게 절대적으로 필요하다"고 선언했다. 그리고는 엠랩 획득을 미 국방부의 최우선 사항으로 정했다. 극소수의 쿠가를 운용했던 미 해병대는 쿠가에 대한 300건 이상의 급조폭발물 공격이 모두 무위로 돌아갔다는 보고서를 제출했다. 사실, 추가장갑형 험비가 도입된 이후에도 미군 사상자 수는 크게 줄지 않았다. 그러나 그건 미군 전체 손실이기에 추가장갑 키트가 별로 소용이 없다는 증거가 될 수는 없었다.

게이츠의 결정 이후 무기회사들은 돈 잔치를 벌였다. 엠랩에 대한 주문량이 너무 많아 무명에 가까운 무기회사도 제안서만 내면 계약을 따냈다. 계약을 따낸 회사는 모두 7곳에 달했다. 2007년 9월 423대였던 이라크 내 미군 엠랩은 2009년 1월 8,500대까지 증가했다. 2012년까지 미 국방부는 총 2만 7,000대의 엠랩 획득비용으로 무려

50조 원을 썼다. 이는 같은 기간 미국 연간 국방예산의 7퍼센트가 넘는 돈이었다. 2017년 한국의 국방예산 40조 원보다도 많은 돈이었다.

2007년 9월 이후 이라크 내 미군 사상자는 눈에 띄게 줄기 시작했다. 70~80명에 달하던 월간 전사자가 2008년에는 평균 26명 수준으로 감소했다. 게이츠는 엠랩 덕분에 수만 명의 미군 목숨을 살릴 수 있었다고 자화자찬했다. 그러나 진짜 원인은 다른 데 있었다. 2007년 9월 아들 부시는 이라크에서 단계적으로 철군하겠다고 발표했다. 이라크 반군은 미군 철군계획에 맞춰 공격을 줄였다. 2009년 11월 이라크 내 미군이 운용 중인 추가장갑형 험비와 엠랩 수는 각각 5,900대와 6,700대까지 줄었다.

시간이 흘러 미군 전술차량에 대한 사후적 대안 분석 결과가 발표되었다. 미 해군대학원 교수 한 명을 포함한 연구자들은 세 가지 대안에 대한 비용과 효과를 다음과 같이 정밀하게 검증했다. 어떤 결과가 나왔을까?

우선 비용을 살펴보자. 추가장갑 키트와 엠랩 획득비용은 잘 알려져 있다. 그러나 그게 비용의 전부는 아니다. 이라크에서 전쟁 기간 동안 전술차량은 평균적으로 매월 752킬로미터 거리를 주행했다. 주행거리만큼 기름값이 들고 또 정비비용이 발생함은 당연했다. 기본형 험비의 경우, 킬로미터당 3,400원의 비용이 들었다. 반면, 추가장갑형 험비와 엠랩은 배에 가까운 6,500원이 들었다. 장갑을 두르다 보니 무게가 무겁고 또 그만큼 고장도 잘 나는 탓이었다. 매년 운용 및 정비비용으로 1대의 기본형 험비는 3,100만 원, 추가장갑형 험비와 엠랩은 5,900만 원이 들었다. 3년간 운용을 가정하면, 총비용이 기본형 험비는 1.43억 원, 추가장갑형 험비는 3.47억 원, 엠랩은 7.77억 원이었다.

전술차량의 성능을 한 가지 효과로 정의하기는 쉽지 않다. 하지만 이 경우만큼은 뚜렷한 지표가 있다. 그건 실제로 전사자가 줄어드냐는 점이었다. 회귀 분석regression analysis을 수행한 결과, 추가장갑형 험비의 효과는 입증되었다. 보병부대의 경우, 기본형 험비에서 추가장갑형 험비로 바꾼 후 1,000대당 매월 사망률이 평균 1.6명만큼 감소했다. 반면, 기갑부대와 지원부대의 경우에는 큰 차이가 없었다. 전투상황에 놓일 가능성이 높지 않은 지원부대로서는 당연한 결과였다. 기갑부대도 위험한 지역에서는 브래들리Bradley 같은 궤도장갑차를, 안전한 지역에서는 기본형 험비를 썼으리라고 짐작할 만했다. 바꿔 얘기하면 군이 지원부대와 기갑부대까지 장갑강화형 험비로 바꿀 이유는 없었다.

그보다 더 놀라운 결과는 엠랩의 효과였다. 보병부대의 경우, 추가장갑형 험비에서 엠랩으로 갈아탄 후 사망률과 부상률 모두 사실상 아무런 변화가 없었다. 심지어, 기갑부대의 경우 사망률이 1,000대당 평균 0.4명 증가하는 기현상을 보이기도 했다. 엠랩이 없던 시절에는 위험지역에서 브래들리 같은 궤도전투차를 타고 작전하던 병사들이 엠랩을 너무 믿은 나머지 벌어진 일이 아닌가 추정할 따름이었다. 어쨌거나, 엠랩을 도입하기로 한 결정은 전혀 비용 효과적이지 않았다. 1대당 총 4억 3,000만 원의 돈을 길에다 뿌린 셈이었다.

사실, 앞의 대안 분석 결과만으로는 여전히 아쉬움이 있다. 엠랩은 전혀 효과가 없었기 때문에 더 고민할 사항도 없다. 그보다는 기본형 험비에서 추가장갑형 험비로 바꾼 결정 쪽에 관심이 간다. 효과가 있었음은 확인했지만 그것이 궁극적으로 비용 효과적이었는지 묻는 중이다.

1,000대당 1.6명의 사망자 감소는 대당 0.0016명의 감소와 같다. 비용을 구하려면 약간의 계산이 필요하다. 우선, 추가장갑형 험비의 대당 3년 총비용에서 기본형 험비의 대당 총비용을 빼야 한다. 그게 추가장갑 키트를 장착한 결정으로 인해 발생된 비용이기 때문이다. 이어 그렇게 구한 2.04억 원을 36개월로 나눈다. 왜냐하면 효과를 월간의 사망률 감소로 정의했기 때문이다. 그렇게 구한 대당 월간 비용은 약 570만 원이다. 결국, 0.0016명의 사망자 감소가 매월 570만 원을 들일 만한 일이었는지를 확인해야 한다.

이와 같은 질문은 사실 마주하기 영 껄끄럽다. 사람 목숨 값어치가 돈으로 얼마냐는 질문이기도 하기 때문이다. 그건 거의 완벽한 우문이다. 사람의 생명은 결코 돈으로 환산할 수 없다. 그걸 전제한 채로 '불완전한' 대답을 한번 제시해보자. 아래 방법은 경제학이 제시하는 방법이다. 다시 한 번 강조하지만 사람 목숨을 돈으로 치환하는 아래 분석은 불완전하다.

아주 안전한 직업이 있다고 가정하자. 그러한 안전한 직업을 택했을 때 받는 연봉이 3,000만 원이라고 해보자. 한편, 위험한 직업을 택했을 때 죽을 확률을 p라고 하자. 사람들이 돈의 기대값을 극대화하길 원하고 동시에 위험에 중립적이라면 위험한 직업을 택하는 대신 연봉을 더 받길 원한다.

숫자를 갖고 설명하면 좀 더 이해하기 쉽다. 가령, 어떤 위험한 직업을 가질 때 일 년 내에 죽을 확률이 2명 중 1명이라고 해보자. 이런 위험을 감수하는 대가로 얼마를 더 받길 원할까? 1억 원으로 충분할까? 결코 충분하지 않을 것 같다. 자신의 목숨 값이 A라고 생각할 때, 2명 중 1명이 죽는다면 A에 50퍼센트를 곱한 값보다 적은 돈을 받으면서 위험을 감수할 리는 없다.

즉, 위험한 일의 연봉 증가액을 그 일에 종사하는 사람들이 1년 내에 죽을 확률로 나누면 이른바 '시장이 암시하는 사람의 목숨 값'이 나온다. 가령, 경찰 연봉이 아주 안전한 직업보다 100만 원이 더 많고, 연간 경찰 사망률이 1만 명에 2명이라고 해보자. 그러면, 100만 원 나누기 2 곱하기 1만, 즉 50억 원이 사람의 목숨 값이다. 경제학은 이를 가리켜 '통계적 생명가치'라고 부른다. 미국 정부는 자국민의 통계적 생명가치를 계산해서 공표한다. 예를 들어, 환경보호청은 91억 원, 식품의약청은 79억 원, 그리고 교통부는 94억 원으로 제시하고 있다. 이 책에서는 이를 단순 평균한 88억 원이 미국인의 통계적 생명가치라고 가정하자.

이제 거의 결론에 도달했다. 미군 병사는 당연히 미국인이므로 통계적 생명가치가 88억 원이다. 그런데 험비에 장착한 추가장갑 키트는 대당 사망률을 0.0016명 떨어뜨렸다. 여기에 통계적 생명가치 88억 원을 곱하면, 사망률 감소로 인한 대당 이득은 1,400만 원 정도다. 570만 원을 써서 1,400만 원의 경제적 이득을 보았으니 경제성이 사후적으로 입증된 셈이다. 늦게나마 추가장갑 키트를 험비에 붙이기로 한 럼스펠드의 결정은 충분히 정당화될 만했다.

그렇다고 애초에 전쟁을 시작한 책임이 연기처럼 사라질 리는 없었다. 2004년 10월, 미국이 파견한 조사단은 이라크에 대량살상무기가 존재하지 않는다는 최종 보고서를 제출했다. 2003년 이라크 침공에 반대하는 프랑스에 항의한다며 의사당 식당 메뉴에서 감자튀김 이름을 '프렌치 프라이'에서 '프리덤 프라이'(이와 더불어 '프렌치 토스트'도 '프리덤 토스트'로 바뀌었다)로 바꾸게 했던 미 하원 행정위원장 밥 네이 $^{Bob Ney}$가 무색해지는 순간이었다. 이후 네이는 2007년 뇌물죄로 기소되어 2년 6개월간 감옥에서 지냈다. 2005년 12월 14일, 아들 부시는 2003년 이라크 침공은 잘못된 정보의 결과라면서 자신의 책임을 인정했다. 그럼에도 불구하고 침공 결정은 여전히 정당화될 수 있다고 주장했다.

미 국방부는 2003년부터 2007년 10월 말까지 약 607조 원의 이라크 전쟁 예산을 의회에 요청했다. 침공 전 예상액 55조 원의 10배가 넘는 돈이었다. 베트남 전쟁 때 미국이 쓴 650조 원에 필적하는 수준이었다. 경기를 진작시키기 위해 아들 부시가 쓴 돈이 150조 원이었음을 생각하면 숨이 턱 막히는 숫자다.

2009년 말까지 이라크에서 전사한 미군 수는 4,536명, 부상자는 3만 298명이었다. 군 병력으로 잡히지 않는 민간군사기업 사상자는 여기에 포함되지 않았다. 2011년 6월까지 민간군사업체 소속 용병 사망자와 부상자는 각각 1,487명, 1만 569명으로 집계되었다. 이 중 미국 국적 용병 사망자는 245명이었다. 2009년 2월 24일 기준, 미군 외에도 영국군 179명 등 총 318명의 다국적군이 이라크에서 죽었다.

그게 전부가 아니었다. 2003년 5월 이후 2010년 말까지 10만

7,000명에 달하는 이라크 민간인이 희생되었다. 같은 기간 이라크 반군 사망자는 2만 4,000명이 넘었다. 이는 공식적인 두 달 전쟁 기간 동안 이라크 정규군이 입은 피해와 같은 수준이었다. 2008년 국제연합은 고아가 된 이라크 어린이 수가 80만 명에 이를 것으로 추정했다. 2007년 11월까지 시리아 등 이웃국가로 피신한 이라크 난민은 약 180만 명으로 추산되었다. 2008년 12월 14일, 공식석상에서 한 이라크 언론인은 아들 부시에게 신발을 던졌다. 중동에서 신발은 천박함과 더러움을 의미했다.

2010년 8월 19일, 미 2보병사단 4스트라이커여단이 쿠웨이트로 이동함에 따라 미군은 이라크 내 전투임무를 사실상 종료했다. 그때까지도 이라크에 5만 명 정도 남아 있던 미군은 계속 감소하여 2011년 12월 18일 미 1기병사단 3여단 소속 엠랩 약 100대와 500명으로 구성된 마지막 호송대가 이라크를 떠남으로써 전원 철군했다. 이때까지 미국이 쓴 돈은 약 1,000조 원이었다.

CHAPTER 7
급조폭발물 혹은 사제폭탄의 역사와 경제성

● 미국과 이라크의 전쟁은 결국 급조폭발물improvised explosive device 혹은 사제폭탄homemade bomb의 전쟁으로 귀결되었다. 무제한에 가까운 군사비와 압도적인 군사력에도 불구하고 이라크 반군의 급조폭발물에 대해 미군은 뚜렷한 해결 방안을 찾지 못했다.

급조폭발물이라는 용어는 1970년대 영국에서 만들어졌다. 당시 아일랜드공화국군은 영국의 지배 아래에 놓여 있는 북아일랜드의 분리 독립을 위해 무력 사용도 불사했다. 그러나 북아일랜드에 주둔한 영국군과 재래식 전면전을 시도하기는 역부족이었다. 대신 아일랜드공화국군은 북아일랜드뿐만 아니라 영국 본토 내 다양한 목표물, 예를 들면 관청, 경찰, 군부대, 요인 등을 대상으로 공격을 퍼부었다.

가장 흔하게 사용된 방식은 미리 설치한 폭탄을 터뜨리는 것이었다. 영국은 예상치 못한 순간에 의외의 장소에서 터지는 급조폭발물에 대해 아주 진절머리를 냈다. 1970년부터 2005년까지 아일랜드공

●●● 아일랜드공화국군이 설치한 급조폭발물에 대응하기 위해 1978년 북아일랜드 거리에 등장한 영국 최초의 EOD(Explosive Ordnance Disposal: 폭발물 처리) 로봇인 '휠배로우(Wheelbarrow)' 의 모습.

화국군은 총 약 1만 9,000건의 급조폭발물 공격을 가했다. 이를 환산해보면 평균 16시간마다 1건의 급조폭발물이 터졌음을 알 수 있다.

급조폭발물이란 용어가 1970년대에 최초로 만들어졌다고 해서 실제 등장한 것도 그때냐 하면 그렇지는 않다. 급조폭발물의 원시적 형태로 우선 덫이나 함정, 올가미 등이 있다. 칼이나 창 혹은 활 같은 무기가 드러내놓고 적을 공격했다면, 덫이나 함정은 방심한 적을 무력화시키는 수단이었다. 지금도 급조폭발물은 방심한 적에게 기습적으로 피해를 입히기 위해 사용된다.

화약의 발명 이후 덫과 함정은 더욱 교묘한 방식으로 진화했다. 몇 가지 역사적 사례를 들자면, 1277년 송宋은 몽고군 기병을 상대로 화약을 땅에 묻어 터뜨렸다. 유럽에서 푸가스fougasse, 즉 이른바 지향성 폭발물은 수세기에 걸쳐 즉흥적으로 제작되었다. 제2차 세계대전 중 독일군 점령 하에 있던 벨라루스 게릴라들은 수송열차를 탈선시키기 위해 폭발물을 다양한 방식으로 사용했다. 이들 모두는 급조폭발물의 정의에 부합할 만했다.

급조폭발물이란 말은 글자 그대로 '급조'와 '폭발물'을 합친 말이다. 그렇다면 둘 중에 어느 쪽이 더 중요할까? 조금만 생각해보면 폭발물이 더 중요함을 깨달을 수 있다. 쉽게 말해, 포탄이나 지뢰 등의 폭발물을 숨겨서 터뜨리는 게 급조폭발물이라는 말이다.

급조라는 말 때문에 간혹 '얼기설기 만든 폭탄이니 위력도 대수롭지 않다'고 생각하기 쉽지만 그야말로 착각이다. 급조폭발물의 위력은 얼마나 많은 폭약을 모아놓았느냐에 달렸다. 게다가 살상력을 높이기 위해 파편이나 인화물질을 추가하기도 한다. 급조폭발물의 위력이 통상적인 폭탄보다 더 클 수 있다는 얘기다. 단적으로, 잘 준비된 급조폭발물은 미군 장갑차 스트라이커Stryker도 간단히 파괴할 수 있다. 게다가 터뜨리는 쪽에서는 공격 효과를 높이기 위해 숨겨놓는다. 공격받는 입장에서는 완벽한 기습을 당하는 셈이다.

●●● 2007년, 이라크에서 급조폭발물 폭발로 파괴된 미군 스트라이커 장갑차의 모습

급조폭발물은 크게 다섯 부분으로 구성된다. 터지라는 신호를 처리하는 스위치, 스위치로부터 온 신호를 받아들여 폭약을 터뜨리는 기폭장치 혹은 신관, 폭발의 주체인 폭약, 폭약 등이 담겨 있는 몸체 혹은 운반수단, 그리고 스위치 등이 필요로 하는 전원을 공급하는 배터리가 필요하다. 전차나 장갑차를 목표로 한 급조폭발물은 폭발에너지를 한곳으로 집중시키기 위해 특별한 장치를 갖췄다. 또한, 신호를 처리하는 방식에 따라 다양한 센서가 추가될 수 있다. 급조폭발물 구성요소 중 자세히 들여다볼 만한 사항은 폭약, 스위치, 그리고 운반수단이다.

먼저 폭약을 살펴보자. 폭약은 크게 보아 군용 폭약과 민간용 폭약으로 나눌 수 있다. 급조폭발물은 당연히 둘 다 사용한다. 하지만 둘 중 좀 더 많이 사용되는 쪽은 군용 폭약이다.

군용 폭약은 어떤 식으로든 RDX^{Research Department formula X}라는 화학물

질과 관련이 있기 쉽다. RDX는 위력계수가 1.6으로 TNT보다 1.6배 강하다. 위력계수는 TNT의 폭발에너지를 1로 놓고 다른 폭약의 상대적 폭발에너지를 나타내는 값이다. RDX는 원래 독일인 게오르크 헨닝Georg Friedrich Henning이 19세기 말에 발명해 특허를 얻은 화학물질로 독일군은 이를 헥소겐hexogen이라 불렀다. 1930년대 영국이 헥소겐의 다른 제법을 몰래 연구하면서 RDX라는 암호명으로 부른 데서 이름이 유래되었다.

RDX의 폭발력은 정평이 나 있지만 화학적으로 다소 불안정하다는 문제가 있다. 이를 해결하기 위해 여러 조성을 시도한 결과, RDX를 기반으로 한 다양한 군용 폭약이 개발되었다. 가령, 미군의 경우 제2차 세계대전 이래로 왁스를 넣은 콤포지션 A 계열, TNT를 섞은 콤포지션 B 계열, 그리고 왁스와 가소제를 넣은 콤포지션 C 계열 등을 각기 개량해왔다.

아마도 콤포지션 계열 중 가장 유명한 폭약은 C-4다. C 계열 폭약에는 모두 네 종류가 있으며, C-4는 그 네 번째 폭약이다. C 계열은 플라스틱 폭약으로도 유명한데, 마치 찰흙처럼 원하는 모양대로 구부리고 자를 수 있다. 위력계수가 1.34인 C-4는 영하 55도에서도 딱딱해지지 않고 영상 77도에서도 액화되지 않는다. 또한, 물에 녹지 않으며 소총으로 쏴도 터지지 않을 정도로 C 계열 중에서 가장 안정적이다.

C-4가 미국을 비롯한 서방국가의 폭약을 대표한다면, 셈텍스Semtex는 동구권의 폭약을 대표한다. 1950년대 말 셈텍스를 발명한 사람은 체코슬로바키아 화학회사 신데시아Synthesia의 스타니슬라브 브레베라

●●● 군용 폭약인 셈텍스는 C-4와 마찬가지로 플라스틱 폭약이다. 물에서도 사용할 수 있으며, 영하 40도에서 영상 60도까지 가소성이 유지된다. C-4처럼 탐지가 극히 어려워 테러리스트들이 애용하는 폭약이기도 하다.

Stanislav Brebera 와 라딤 푸카트코Radim Fukátko다. 셈텍스는 RDX와 PETN 이라는 물질을 혼합해 만드는데, 사실 주성분은 RDX기보다는 PETN 이다. PETN은 위력계수가 1.66으로서 매우 강력하지만 충격과 열에 민감해 단독 폭약으로 쓰기에는 무리다. PETN과 RDX의 혼합비율을 바꿔 셈텍스 계열의 여러 변종을 얻는다.

셈텍스는 C-4와 마찬가지로 플라스틱 폭약이다. 물에서도 사용할 수 있으며, 영하 40도에서 영상 60도까지 가소성이 유지된다. C-4처럼 탐지가 극히 어려워 테러리스트들이 애용하는 폭약이기도 하다. 외관상 드러나는 차이는 바로 색깔이다. C-4는 기본이 되는 RDX가 흰색이라 흰색인 반면, 셈텍스 계열 폭약은 빨간색 혹은 벽돌색이다.

콤포지션 계열이나 셈텍스 계열 같은 군용 폭약만큼은 아니지만 민

●●● 급조폭발물에 사용되는 가장 대표적인 민간용 폭약은 질산암모늄과 경질유를 혼합한 안포
다. 안포의 주성분인 질산암모늄이 비료의 주원료기도 한 탓에 안포가 들어간 사제폭발물을 가리
켜 '비료폭탄'이라고 부르기도 한다. 부피당 위력은 군용 폭약보다 떨어지지만 글자 그대로 집에서
대량으로 만들 수 있기 때문에 다량의 군용 폭약을 구하기 어려운 경우 사용된다.

간용 폭약도 경우에 따라 급조폭발물에 사용된다. 가장 대표적인 예
가 질산암모늄과 경질유를 혼합한 안포ANFO다. 안포는 광산과 토목공
사에서 가장 흔하게 쓰이는 폭약으로서, 북아메리카에서 사용되는 폭
약의 80퍼센트가 바로 안포다.

　안포의 주성분인 질산암모늄이 비료의 주원료기도 한 탓에 안포가
들어간 사제폭발물을 가리켜 '비료폭탄'이라고 부르기도 한다. 질산
암모늄 자체의 위력계수는 0.42에 그치지만, 가령 기름을 6퍼센트 섞
으면 0.74까지 올라간다. 부피당 위력은 군용 폭약보다 떨어지지만
글자 그대로 집에서 대량으로 만들 수 있기 때문에 다량의 군용 폭약
을 구하기 어려운 경우 사용된다.

다음, 스위치를 살펴보자. 급조폭발물에 사용되는 스위치 방식은 매우 다양하다. 고전적인 압력식이나 안전핀, 그리고 인계철선은 물론이거니와, 적외선 센서를 이용해 동작을 감지하거나 자기 센서로 금속을 감지해 터지기도 하고, 타이머나 혹은 무선이나 핸드폰을 통해 원격으로 터뜨리기도 한다. 워낙 다양한 방법이 활용되고 경우에 따라서는 하나의 급조폭발물에 복수의 방법이 채용되기도 하기 때문에 급조폭발물의 감지나 무력화가 쉽지 않다.

몸체 혹은 운반수단은 급조폭발물을 규정짓는 또 하나의 중요한 특성이다. 급조폭발물을 만들고 설치할 때 가능한 한 정상적인 물건처럼 보이도록 신경을 쓴다. 폭발 시 기습효과를 극대화하기 위해서다. 따라서 실생활에서 흔히 눈에 띄는 물건이나 의심받지 않을 만한 대상을 몸체로 많이 활용한다. 대표적인 예로 드럼통, 상자, 음료수 캔, 혹은 동물의 사체를 들 수 있다.

정적인 급조폭발물을 동적인 운반수단과 결합시키면 한 차원 더 높은 무기를 얻을 수 있다. 통상적인 차량폭탄 공격은 모두 자동차 탑재 급조폭발물에 의해 행해진다. 일반적으로는 승용차나 트럭을 많이 쓰지만 경우에 따라서는 오토바이, 자전거, 심지어는 나귀 같은 동물을 활용하기도 한다. 1톤이 넘는 폭약도 실을 수 있는 자동차 탑재 급조폭발물의 위력은 상당하다. 게다가 자동차의 차체와 연료가 폭발 시 추가적인 살상력을 발생시킨다.

동적인 급조폭발물에는 몇 가지 극단적인 예가 있다. 제2차 세계대전 때 실험단계에서 끝난 미군의 박쥐폭탄Bat bomb과 실전에 실제로 투입된 소련군의 대전차 개Anti-Tank Dog가 대표적이다. 미군은 불붙기 쉬

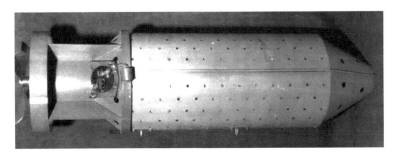

●●● 제2차 세계대전 당시 미군은 불붙기 쉬운 일본 목조주택의 특성에 착안해 타이머에 의해 작동되는 폭탄을 장착한 박쥐폭탄(사진)을 일본 전역에 뿌릴 계획을 세우고 1942년 초부터 2년 이상 진지하게 실험했다. 그러다 전세가 우세해진 1944년 여름 결국 계획을 포기했다.

운 일본 목조주택의 특성에 착안해 타이머에 의해 작동되는 폭탄을 장착한 박쥐폭탄을 일본 전역에 뿌릴 계획을 세우고 1942년 초부터 2년 이상 진지하게 실험했다. 그러다 전세가 우세해진 1944년 여름 결국 계획을 포기했다.

한편, 전차나 장갑차 혹은 차량 밑에 기어들어가 몸에 붙어 있는 10킬로그램 정도의 폭탄을 떨구고 오도록 훈련받은 소련의 대전차 개는 독소전 개전 당시 약 4만 마리가 존재했다. 이 개들은 1935년 공식적으로 소련군의 일원이 되었을 뿐만 아니라 1938년 모스크바에서 거행된 열병식에 참가하기도 했다.

대전차 개의 효과에 대해선 의견이 갈린다. 최초 투입된 30마리의 경우, 4마리만이 독일군 전차 근처에 폭탄을 떨구는 데 성공했고 이마저도 독일군 피해는 확실하지 않다. 대신, 6마리가 폭탄을 지닌 채로 원래 소련군 참호로 돌아와 터지는 바람에 소련군에 사상자가 발생했다는 기록은 있다. 또, 디젤엔진이 장착된 소련군 전차로 훈련을 시키는 바람에 낯선 냄새가 나는 가솔린엔진을 쓰는 독일군 전차로

●●● 전차나 장갑차 혹은 차량 밑에 기어들어가 몸에 붙어 있는 10킬로그램 정도의 폭탄을 떨구고 오도록 훈련받은 소련의 대전차 개(사진)는 독소전 개전 당시 약 4만 마리가 존재했다.

가지 않고 익숙한 소련군 전차를 향해 돌격했다는 기록도 있다. 반면, 스탈린그라드 공방전Battle of Stalingrad 때 대전차 개가 독일군 전차 13대를 폭파시켰다든지 쿠르스크 전투Battle of Kursk 때 6근위군 소속 대전차개 16마리가 전차 12대를 파괴했다는 기록도 없지는 않다.

　동물 대신 사람을 급조폭발물의 운반수단으로 쓰는 경우도 물론 있다. 자살폭탄 공격이 바로 그 한 예다. 제2차 세계대전 때 일본군은 이를 아예 제식화했다. 항공기에 폭탄을 달고 미군 함선에 돌입함은 물론이거니와 2인승의 자살어뢰 카이텐回天, 1인승의 자살로켓 오오카櫻花, 1인승의 자살쾌속선 신요震洋 등을 개발해 실전에 투입했다. 전과는 전반적으로 미미했다. 이런 류의 자살폭탄 공격은 21세기에도 여

●●● 제2차 세계대전 때 일본군은 항공기에 폭탄을 달고 미군 함선에 돌입함은 물론이거니와 2인승의 자살어뢰 카이텐(왼쪽), 1인승의 자살로켓 오오카(가운데), 1인승의 자살쾌속선 신요(오른쪽) 등을 개발해 실전에 투입했다.

전히 활용된다. 가령, 2000년 10월 미국 구축함 콜$^{USS\ Cole}$은 예멘 아덴^{Aden} 항 근방에서 2명이 탑승한 자살폭탄쾌속정의 공격을 받고 좌현에 커다란 구멍이 났다. 쾌속정에 탑재된 폭약은 대략 300킬로그램 정도로 추정되었다.

자살 급조폭발물은 두 가지 면에서 특기할 만하다. 하나는 정확도다. 폭탄이 실린 운반수단을 직접 조종하거나 혹은 몸에 폭탄을 지니는 경우보다 더 목표물에 확실하게 근접할 방법은 없다. 다른 하나는 심리적 타격이다. 죽음을 불사하는 자살공격자를 대하면 상대방은 정신적으로 큰 충격을 받는다.

급조폭발물이 커다란 족적을 남긴 전쟁을 고르라면 다음의 세 전쟁을 고를 듯싶다. 앞에서 이미 얘기한 아일랜드공화국군의 독립전쟁, 6장에 나온 2차 미국-이라크 전쟁, 그리고 1970년대 미국-베트남 전쟁이다. 각각의 경우 급조폭발물이 어떻게 활용되었는지 차례대로 살펴보자.

아일랜드공화국군이 주로 쓴 군용 폭약은 셈텍스 계열이었다. 한편, 전쟁 상황은 아니었기 때문에 군용 폭약을 구하는 데 아무래도 한계가 있었다. 그래서 안포도 폭약으로 많이 활용했다. 안포 기반의 급조폭발물은 아일랜드공화국군의 전매특허와도 같았다. 안포가 폭약으로 최초로 사용된 사례는 1970년 미국의 위스콘신 매디슨대학의 폭파사건이다. 베트남전 참전에 반대하는 학생 4명이 미 육군 관련 연구를 많이 하던 학교 내 센터를 910킬로그램의 안포로 폭파시킨 경우였다.

아일랜드공화국군은 특히 기술적으로 세련된 급조폭발물을 제작했다. 1주일 후에 터지는 타이머라든지, 무선모형기를 이용해 스위치를 켜거나 혹은 배터리의 전력을 보충한다든지, 디지털 방식의 통신을 활용하는 게 대표적인 예였다. 희생자를 급조폭발물의 운반수단으로 삼는 이른바 '희생자 탑재 급조폭발물'도 활용했다. 또, 1차로 급조폭발물을 터뜨린 후 영국군 대응반 출동을 예상하여 이들을 집중적으로 노리는 2차적 공격도 자주 했다. 워낙 폭발물처리반의 피해가 크자 영국군은 이미 1978년에 원격으로 조종하는 폭발물 처리 로봇을 현장에 투입했다. 2003년 미국-이라크 전쟁 때 미군은 영국군을 본떠 팩봇Packbot이나 탤론TALON 같은 로봇으로 급조폭발물 해체에 나섰다.

아일랜드공화국군의 또 다른 주특기는 도로매설폭탄이었다. 번잡한 도시보다는 한적한 시골길에 주로 설치했다. 지하배수로나 배수구에 설치된 급조폭발물 존재를 영국군이 미리 알기란 사실상 불가능했다. 아일랜드공화국군은 멀리서 지켜보다가 영국군이 지나가면 원격으로 급조폭발물을 터뜨렸다. 이러한 공격이 너무나 효과적인 나머지 영국군은 일부 지역에서 도로 수송을 전면적으로 포기하고 헬리콥터 수송만 실시했다.

Packbot   **TALON**

●●● 2003년 미국-이라크 전쟁 때 미군은 영국군을 본떠 팩봇(왼쪽)이나 탤론(오른쪽) 같은 로봇으로 급조폭발물 해체에 나섰다.

    2차 미국-이라크 전쟁도 급조폭발물에 관해 빼놓을 수 없는 전쟁이었다. 2007년 말까지 미군 피해의 63퍼센트가 급조폭발물 때문이었다. 프랑스가 수행한 분석에 의하면, 2006년 11월까지 급조폭발물로 인한 전사자의 비율은 전체 사망자의 41퍼센트였다. 반면, 일반적인 전투에서 죽은 전사자의 비율은 34퍼센트였다. 즉, 급조폭발물이 가장 큰 사망 원인이었다. 이라크 반군은 주로 포탄이나 박격포탄으로 급조폭발물을 만들었다.

    급조폭발물은 베트남 전쟁에서도 광범위하게 사용되었다. 베트남 전쟁은 이른바 부비트랩booby trap의 전쟁이었다. 트랩trap은 덫을 뜻하는 말이고 부비booby는 멍청이, 바보, 얼간이라는 뜻을 가진 비속어다. 말하자면, 부비트랩은 바보를 잡는 덫, 즉 위장폭탄을 가리켰다. 가장 흔한 부비트랩은 깡통에 든 수류탄이었다. 깡통의 뚜껑을 열면 안전핀이 제거된 수류탄이 터지는 식이었다. 북베트남의 게릴라, 즉 베트콩은 셈텍스와 미군 불발탄을 이용해 다양한 급조폭발물을 만들었다.

베트남 전쟁에서 급조폭발물은 베트콩의 전유물이 아니었다. 미군도 여러 급조폭발물을 사용했다. 안전핀을 제거한 수류탄을 유리병에 넣고 안전손잡이를 대충 고정시켜놓은 게 한 예였다. 이걸 집어던지면 유리병이 깨지면서 안전손잡이가 풀린 나머지 수류탄이 터졌다. 굳이 이렇게 한 이유는 유리병에 휘발유나 네이팜 같은 인화물질을 넣어 수류탄이 터질 때 대인살상력을 높이려는 의도에서였다. 미군은 특히 헬리콥터에서 이런 급조폭발물을 떨어뜨리곤 했다.

이쯤 되면 한 가지 사실이 분명해진다. 그것은 바로 급조폭발물과 일반 폭탄의 차이점이 별로 없다는 것이다. 굳이 구별하자면 일반 폭탄은 군대가 사용하고 급조폭발물은 게릴라 혹은 반군이 사용한다는 정도다. 하지만 정규군이 폭탄을 급조폭발물로 개조하기도 하고, 또 반군이라고 해서 일반 폭탄을 안 쓰는 게 아니다. 다시 말해, 일반 폭탄과 급조폭발물의 구별은 별로 실익이 없다. 단적인 예로, 제2차 세계대전 때 소련군이 즐겨 사용했던 대전차화염병, 즉 몰로토프 칵테일Molotov cocktail은 정규군의 무기면서 동시에 급조폭발물에 속한다.

시야를 넓히면 하나의 무기가 눈에 들어온다. 바로 지뢰다. 지뢰는 정의상 땅에 묻은 폭탄이다. 앞에서도 얘기했던 것처럼 땅에 묻은 폭약으로 적을 기습하는 행위는 수백 년 이상 된 전법이었다. 남북전쟁 때인 1862년 남군의 가브리엘 레인스Gabriel James Rains는 기계적 신관이 장착된 지뢰를 개발해 요크타운 전투Battle of Yorktown에서 썼다. 독일은

1912년 즉흥적으로 제작되던 다양한 급조폭발물 일부를 제식화해 지뢰라고 불렀다. 제1차 세계대전을 거치면서 지뢰는 모든 국가의 필수무기로 자리 잡았다.

지뢰는 군의 제식무기니 괜찮고 급조폭발물은 반군의 무기니 비인도적이라고 얘기하기는 어렵다. 누가 쓰던 간에 무기는 무기일 뿐이다. 지뢰는 현존하는 무기 중 가장 비인도적인 무기로 꼽힌다. 군대가 사용하는 지뢰는 상대의 정규군을 대상으로 한다고 하나 실제 주된 피해를 입는 쪽은 민간인이다. 1997년 캐나다 오타와Ottawa에서 지뢰 사용을 금하는 협약이 체결되었다. 총 162개국이 서명했지만 아직 35개국은 서명을 거부하고 있다. 미국, 러시아, 중국, 인도 등이 서명하지 않은 대표적인 국가다. 기술적인 관점에서 보자면 지뢰는 급조폭발물의 일종일 뿐이다.

그렇다면 왜 급조폭발물을 사용하는 걸까? 이유는 너무나 간단하다. 이보다 더 경제성이 뛰어난 무기나 공격 방법을 찾을 수 없을 정도로 비용 대비 효과가 높기 때문이다. 가령, 미군 155밀리미터 포탄은 1발당 가격이 70만 원 안팎이다. 러시아 76밀리미터 포탄은 3만 원도 채 되지 않는다. 급조폭발물의 스위치나 센서도 별게 아니다. 집에서 전등 켤 때 쓰는 정도의 저가품이면 충분하다. 반면, 이런 걸 여러 개 엮어놓은 급조폭발물은 미군 주력 장갑차인 스트라이커를 쉽게 파괴할 수 있다. 스트라이커 가격은 대략 50억 원이다.

정리하자면, 급조폭발물은 비정규전 혹은 비대칭전을 치르려는 쪽의 궁극의 무기다. 정규전이 양측 정규군 사이의 전쟁이라면, 비정규전은 그중 한쪽이 혹은 두 쪽 다 정규군이 아닌 경우다. 비대칭전은

●●● 급조폭발물은 이보다 더 경제성이 뛰어난 무기나 공격 방법을 찾을 수 없을 정도로 비용 대비 효과가 높다. 급조폭발물의 스위치나 센서도 별게 아니다. 집에서 전등 켤 때 쓰는 정도의 저가 품이면 충분하다. 정규군 대 비정규군 혹은 점령군 대 피점령군 간 전쟁에서 급조폭발물 사용은 필연이다. 왜냐하면 어차피 정상적인 수단으로는 상대가 안 되는 약자가 동원할 수 있는 최선의 수단이기 때문이다. 즉, 급조폭발물은 군사적 약자의 필살기다.

양측 군사력에 큰 차이가 있거나 또는 양측 전략이나 전술이 크게 다른 전쟁을 가리킨다. 대개 비정규전은 비대칭전이기 쉽고, 비대칭전 또한 비정규전이기 쉽다. 사실, 정규군 대 비정규군 혹은 점령군 대 피점령군 간 전쟁에서 급조폭발물 사용은 필연이다. 왜냐하면 어차피 정상적인 수단으로는 상대가 안 되는 약자가 동원할 수 있는 최선의 수단이기 때문이다. 즉, 급조폭발물은 군사적 약자의 필살기다.

비정규전을 치르는 쪽이 원하는 바는 지금 이대로는 평화와 안전 보장이 불가능하다는 믿음을 상대방에게 심어주는 데 있다. 미국 대통령이었던 존 F. 케네디John F. Kennedy는 비정규전에 대해 다음처럼 정리했다.

"세상에는 또 다른 종류의 전쟁이 존재한다. 그 격렬함이 새삼스럽지만 역사적인 유래는 깊고도 깊다. 바로 게릴라, 반란군, 저항군, 암살단의 전쟁이다. 전투 대신 매복을 감행하고, 공세 대신 침투를 수행하며, 교전 대신 적을 지치고 쇠약하게 만들어 굴복시키려는 전쟁이다. 불안은 이의 좋은 먹잇감이다."

말하자면, 급조폭발물은 물리적 무기인 동시에 심리적 무기기도 하다.

급조폭발물은 상대에게 또 다른 피해를 입힌다. 바로 정신적인 외상, 즉 트라우마로 인한 스트레스 장애다. 설혹 손끝 하나 다치지 않았다고 하더라도 끔찍한 경험은 군인들에게 정신적으로 깊은 상처를 남긴다. 난청, 불면증, 기억감퇴, 심신장애 등 증상에 시달리는 참전군인들은 종종 타인을 살해하거나 자살을 저지른다. 이라크 전쟁 때 유명해진 미군 저격수 크리스 카일Chris Kyle도 외상 후 스트레스 장애를 겪고 있는 다른 저격수를 치료차 방문했다가 살해당했다.

급조폭발물은 외상 후 스트레스 장애를 특히 많이 야기한다고 알려져 있다. 1980년대 아프가니스탄 반군과 마주한 소련군 중 외상 후 스트레스 장애로 진단된 35퍼센트가 지뢰나 급조폭발물 공격을 받았다. 2014년까지 정신과 치료를 받는 미군 수는 퇴역군인을 포함해 모두 23만 명에 달한다. 이들에 대한 2년간의 치료비용만도 최소 2조 원 이상으로 추정되고 있다.

급조폭발물 사용은 틀림없이 비인도적이다. 하지만 조금만 생각해보면 급조폭발물이 다른 무기보다 더 비인도적이라고 하기는 어렵다. 무기는 기본적으로 언제나 비인도적이다. 단지 적군이 주로 사용한다는 이유만으로 매도하는 것은 위선적 태도다. 애초에 전쟁을 일으키지 않았다면 이런 무기로 공격받을 일도 없었다.

PART 3
무기 성능에 대한
평가항목이 여럿인 경우

CHAPTER 8
불법이지만 정당한 공격이라는 1999년 나토-코소보 전쟁

● 중동이 세계의 화약고라면 발칸Balkan은 유럽의 화약고다. 하지만 유럽이 세계보다 작다고 무시하다가는 큰코다친다. 두 차례 세계대전은 곧 유럽의 전쟁이었다. 특히, 발칸이라는 도화선에 불이 붙으면서 제1차 세계대전이 시작되었다. 세르비아 정보요원이 보스니아-헤르체고비나Bosnia-Herzegovina 수도인 사라예보Sarajevo에서 오스트리아 황태자 부부를 암살한 것이 그 계기였다.

원래 발칸은 15세기 이래로 수백 년 이상 터키가 지배하던 지역이었다. 19세기 들어 유럽 제국주의와 발칸 내 민족주의가 결합되면서 양상이 혼란스러워졌다. 남진하려는 러시아, 동진하려는 오스트리아와 독일, 자신의 영토를 지키려는 터키가 발칸에서 직접 충돌했고, 영국과 프랑스도 이 지역에 발을 들이려고 호시탐탐 기회를 엿봤다.

발칸에 거주하는 민족은 다양하기 짝이 없다. 우선 범슬라브계가 있다. 슬로베니아인, 크로아티아인, 세르비아인, 마케도니아인 등이 여기에 속한다. 그 다음 토착민족이 여럿 있다. 루마니아인과 알바니아인이 대표적이다. 그리고 슬라브계와 터키계가 1000년 이상 혼혈을 이룬 불가리아인도 있다.

발칸 분쟁을 더욱 꼬이게 만든 한 요인은 종교였다. 우선 슬라브계인 세르비아는 정교회 국가였다. 세르비아의 정교회신자 비율은 거의 90퍼센트에 달했다. 정교도 비율이 60퍼센트가 넘는 몬테네그로와 마케도니아도 정교도 국가로 볼 수 있었다. 슬라브계가 아닌 불가리아와 루마니아도 정교도 비율이 80퍼센트가 넘었다.

반면, 발칸 남쪽에 위치한 알바니아는 이슬람교도가 70퍼센트에 달했다. 알바니아 동쪽에 자리 잡은 마케도니아도 인구 3분의 1이 이슬람이었다. 발칸에는 제3세력도 있었다. 서방교회, 즉 가톨릭이었다. 슬라브계지만 슬로베니아와 크로아티아는 가톨릭 국가였다. 크로아티아와 세르비아, 그리고 몬테네그로에 둘러싸인 보스니아-헤르체고비나는 이 모든 것이 섞여 있었다. 인구 약 380만 명 중 44퍼센트가 이슬람, 33퍼센트는 세르비아인, 17퍼센트가량이 크로아티아인이었다.

1912~1913년 제1차 발칸 전쟁에서 세르비아와 불가리아는 그리스, 몬테네그로와 발칸 동맹을 맺고 터키와 싸워 영토를 넓혔다. 러시아 영향권에 속한 세르비아가 아드리아 해에 진출할까 봐 불편했던 오스트리아는 군사적으로 개입하겠다는 의사를 공공연히 표명했다. 오스트리아와 일전을 치르기가 부담스러웠던 러시아가 굴복함에 따라 알바니아 독립이 새롭게 결정되었다. 열강들은 발칸이 하나의 국가가 되기보다는 여러 소국으로 나뉘는 쪽을 선호했다. 그래야 자신

들이 더 많은 이익을 취할 수 있기 때문이었다.

한편, 불가리아는 자기 몫으로 생각했던 마케도니아를 세르비아와 그리스가 일부 나눠 가진 상황이 못내 불만이었다. 사실, 차지한 면적으로 보면 불가리아 쪽이 훨씬 더 넓었다. 1913년 6월 29일 불가리아는 세르비아와 그리스를 상대로 제2차 발칸 전쟁을 일으켰지만, 곧 사면초가에 처하고 말았다. 루마니아와 터키마저 불가리아를 상대로 공격에 나서면서 7월 말 항복을 선언할 수밖에 없었다. 결과적으로 불가리아는 제1차 발칸 전쟁에서 얻은 영토를 모두 잃고 추가적으로 충청북도 크기만한 영토를 루마니아에게 양도해야 했다. 불가리아는 이제 발칸의 맹주로 떠오른 세르비아와 세르비아 후견국 러시아와 돌이킬 수 없는 원수 사이가 되었다.

한편, 세르비아는 세르비아대로 알바니아 독립으로 인해 오스트리아에 악감정을 갖게 되었다. 이것이 사라예보에 7명으로 편성된 암살단을 파견한 배경이었다. 제1차 세계대전 때 승전국이 된 세르비아는 크로아티아와 슬로베니아와 함께 유고슬라비아를 결성했다. 유고슬라비아는 제2차 세계대전 때 독일군에게 짓밟혔지만 종전 후 크로아티아 태생인 요시프 티토Josip Broz Tito를 중심으로 비동맹주의와 제3세계 수립을 주도했다. 티토는 유고슬라비아에 내재된 복잡한 민족적·종교적 갈등 요소를 용케 무마했다.

그러나 1980년 티토가 죽고 1989년 베를린 장벽이 무너지면서 유고슬라비아 내 민족 갈등은 이제 노골적으로 분출되기 시작했다. 1991년 슬로베니아와 크로아티아는 유고슬라비아 연방 탈퇴를 선언했다. 1992년 보스니아 내전 후 유고슬라비아에는 세르비아와 몬네

●●● 코소보가 발칸의 화약인 이유는 무엇보다도 주민 구성 때문이있다. 이슬람을 믿는 일바니아계가 80퍼센트가 넘었다. 원래 이 정도는 아니었다. 1931년만 해도 알바니아계는 주민 50만 명 중 60퍼센트 정도였다. 60여 년 만에 알바니아계가 압도적인 다수가 된 이유는 세르비아계의 3배에 달하는 높은 출생률 때문이었다. 사진은 1999년 알바니아계 코소보 난민의 모습.

그로만 남았다.

1999년 이전에 코소보Kosovo라는 이름을 들어본 사람은 극소수였다. 그러나 코소보는 발칸의 화약이 될 만한 곳이었다. 코소보는 세르비아 남부의 작은 자치주였다. 남쪽으로 마케도니아와 알바니아와 국경을 마주했고 서쪽 국경을 넘으면 몬테네그로였다. 인구는 200만명 남짓에 1인당 명목국민소득은 4,000달러를 겨우 넘었다. 코소보가 발칸의 화약인 이유는 무엇보다도 주민 구성 때문이었다. 이슬람을 믿는 알바니아계가 80퍼센트가 넘었다. 원래 이 정도는 아니었다. 1931년만 해도 알바니아계는 주민 50만 명 중 60퍼센트 정도였다. 60여 년 만에 알바니아계가 압도적인 다수가 된 이유는 세르비아계의 3배에 달하는 높은 출생률 때문이었다.

코소보 내 알바니아계는 급기야 1991년 이른바 코소보 해방군^{Kosovo} $^{Liberation\ Army}$을 결성했다. 그들로서는 진지한 독립운동이었다. 반면, 코소보의 모든 권력을 쥐고 있던 세르비아계가 보기에는 불순한 테러분자였다. 1995년 코소보 해방군은 세르비아 경찰을 공격하기 시작했고, 1997년부터는 알바니아에서 다량의 무기를 밀수했다. 1998년 코소보 해방군이 모든 코소보 공적 기구를 상대로 전면적인 공격에 나서자, 세르비아는 민병대와 정규군을 파견해 치안을 유지하려 했다. 여기에서 살려면 기존 질서를 준수하던가 그게 싫으면 알바니아로 건너가라는 식이었다. 이 과정에서 코소보인이 1,500~2,000명 정도 죽었다.

1999년 초 국제연합을 비롯한 세계 각국은 코소보 내 유혈사태를 중지시키기 위한 외교적 노력에 나섰다. 해결은 쉽지 않았다. 두 가지 상충하는 가치가 충돌하기 때문이었다. 하나는 인도주의적 관점이었다. 미국은 코소보에서 이른바 체계적인 '인종청소'가 행해지고 있다고 세르비아를 비난했다. 반정부 폭력사태에 개입하지 않은 무고한 알바니아계 코소보인이 수만 명씩 학살당하고 있다는 주장이었다. 일부에서는 제2차 세계대전 때 유대인 학살에 비유하기도 했다. 그러나 인구 구성에도 불구하고 코소보가 합법적인 세르비아 영토임을 부인할 수는 없었다. 주권국가로서 자국 경찰서 등이 공격을 받는 상황을 그대로 방치할 국가는 세상 어디에도 없었다.

코소보에서 물러나라는 경고를 세르비아가 무시하자, 북대서양조약기구, 즉 나토$^{NATO,\ North\ Atlantic\ Treaty\ Organization}$는 행동에 나섰다. 8년 전에 치른 걸프전 때처럼 지상군을 파병하기는 부담스러웠다. 나토가 전력을 다해 싸우면 세르비아를 못 이길 리는 없었다. 그러나 본격적으로 개입하려 들면 자국 군대가 적지 않은 손해를 감수해야 했다. 병사들이 죽어나가기 시작하면 결국 "남의 나라 내전에 휘말려 아까운 젊은이들 목숨을 잃게 만들었다"는 여론이 비등하리라는 사실은 불 보듯 훤했다. 민주주의 국가가 가진 장점 중 하나는 그렇기 때문에 정치인들이 함부로 전쟁 결정을 하지 못한다는 점이다.

나토는 결국 전면전쟁이 아닌 제한전쟁 수행을 결정했다. 육군은 배제한 채 항공전력, 즉 공군과 해군이 보유한 전투기와 미사일로 세르비아 요충지를 공격하겠다는 계획이었다. 걸프전 때 선보였던 크루즈 미사일 등 정밀유도무기로 타격을 가하면 결국 세르비아가 굴복할 수밖에 없다고 봤다.

나토는 1999년 3월 24일 공습을 개시했다. 코소보 내 유혈사태를 막자는 관점에서 중요한 공습 대상은 코소보에 주둔 중인 유고슬라비아 정규군과 경찰, 그리고 세르비아 민병대이어야 했다. 그러나 실제 공습의 주요 목표는 그게 아니었다. 유고슬라비아 본토 방공망과 군사기지였다. 공격할 만한 군사목표가 소진되자 점차 민간 목표물로 옮겨갔다. 관청, 도로, 방송국, 공장, 빌딩 등이 공습을 받았다.

많은 사람들은 나토가 손쉽게 세르비아 민병대를 굴복시키리라 예상했다. 보유 항공기 수가 240대인 유고슬라비아가 압도적인 나토 공군력과 맞설 수 있다고 생각한 사람은 아무도 없었다. 한편, 공습이 기대한 만큼 효과를 거두지 못할 거라는 신중한 입장을 견지하는 사람도 일부 있었다. 우선 나토 공군기들이 유고슬라비아 지대공미사일에 피격될 가능성을 줄이기 위해 5,000미터 이상을 비행한다면 세르

●●● 코소보 내 유혈사태를 막고자 나토는 1999
년 3월 24일 공습을 개시했다.
1 1999년 3월 28일 나토의 유고슬라비아 공습 작
전 임무를 수행하기 위해 이탈리아 아비노 공군기
지를 이륙하는 미 공군 F-15E 스트라이크 이글
2 나토군의 공습으로 파괴된 베오그라드에 있는
유고슬라비아 국방부 건물
3 나토군의 공습으로 파괴된 베오그라드의 거리

비아군을 포착하기 쉽지 않았다. 게다가 계절적으로 발칸 상공에는 늘
구름이 잔뜩 끼어 있기 마련이었다. 카메라나 적외선 혹은 레이더 유
도 방식인 기존 스마트무기도 더불어 위력이 반감될 수밖에 없었다.

그렇지만 양측 전력 차는 너무나 확연했다. 유고슬라비아를 폭격한
나토 항공전력의 주축은 당연히 미국이었다. 미 공군은 F-15와 F-16
을, 미 해군은 F-14와 F/A-18을 동원했고, B-52와 B-2도 폭격
에 가담했다. 프랑스 해군과 공군은 각각 쉬페르 에탕다르^{Super Étendard}

와 미라주^{Mirage} 2000을 동원했다. 이탈리아 공군은 토네이도^{Tornado}, F-104, AMX를, 이탈리아 해군은 해리어^{Harrier} 2를 투입했다. AMX 는 이탈리아 회사들인 알레니아^{Alenia}와 아에르마키^{Aermacchi}, 그리고 브라질 엠브라에르^{Embraer}가 공동으로 개발한 공격기다. 이외에도 영국 의 해리어와 토네이도, 벨기에·덴마크·네덜란드·노르웨이·터키의 F-16, 스페인의 EF-18, 캐나다의 CF-18도 폭격에 참가했다. 제2차 세 계대전 후 최초로 실전을 치른 독일 공군 토네이도도 눈길을 끌었다. 총 1,045대에 달하는 나토 항공기는 코소보 전쟁 동안 3만 8,000회가 넘는 전투임무출격을 수행했고, 이 중 폭격임무는 1만 484회였다.

유고슬라비아 인근 아드리아 해는 나토가 보낸 여러 항공모함들로 붐볐다. 미 해군의 시어도어 루스벨트^{USS Theodore Roosevelt}와 벨라 걸프 ^{USS Vella Gulf}, 영국의 인빈서블^{HMS Invincible}, 프랑스의 포슈^{Foch}, 이탈리아 의 주제페 가리발디^{ITS Giuseppe Garibaldi} 비행갑판은 쉴 없이 뜨고 내리는 함재기들로 북적거렸다. 독일 해군도 프리깃함^{frigate} 라인란트-팔츠 ^{FGS Rheinland-Pfalz}를 배치했다. 영국 해군 원자력잠수함 스플렌디드^{HMS} ^{Splendid}는 20발의 토마호크를 발사했다. 이로써 영국 해군 역사상 실 전에서 순항미사일을 최초로 사용한 잠수함이 되었다. 나토는 평소에 해보고 싶었던, 그러나 할 수 없었던 모든 일을 유고슬라비아에서 해 보려는 듯했다.

코소보에 직접 투입하지는 않지만 나토는 육군도 동원했다. 가 령, 미국은 82공수사단 소속 505낙하산보병연대 2대대를 알바니아 에 투입했다. 프랑스, 영국, 네덜란드도 보스니아-헤르체고비나에 육 군 부대를 배치했다. 나토는 아니지만 크로아티아와 알바니아도 병력을 동원해 여차하면 세르비아군과 일전을 벌일 준비를 마쳤다. 코소보 안에서 세르비아군을 상대하던 코소보 해방군 병력은 약 2만 명이었다. 이에 맞서는 유고슬라비아군 전력은 병력 8만 5,000명, 경찰 2만 명, 약 2,000대에 이르는 전차와 장갑차, 그리고 100곳의 지대공미사일기지가 핵심이었다.

사실, 유고슬라비아에 대한 나토 공군력 투입은 이번이 처음이 아니었다. 약 4년 전인 1995년 8월 30일부터 9월 20일까지 나토는 보스니아-헤르체고비나를 공습했다. 이슬람과 세르비아계 비율이 대등한 보스니아-헤르체고비나에 대해 국제연합은 안전지역을 선포했지만, 보스니아 내 세르비아계는 이를 무시하고 공격에 나섰다. 국제연합은 나토에게 군사적으로 개입하라고 권고했고 공습도 공식적으로 승인했다.

당시 작전명 '신중한 무력'에는 나토 15개 회원국이 참가했다. 항공기 400대와 5,000명 인원이 동원된 3주간 공습에서 나토는 총 1,026발의 폭탄으로 보스니아 내 세르비아계 목표물 338곳을 폭격했다. 나토와 보스니아 세르비아계 모두 피해는 경미했다. 나토는 미라주 2000 1대를 잃은 게 전부였고 해당 조종사들이 포로로 잡혔지만 12월 12일 무사히 풀려났다. 보스니아 세르비아계 전사자는 27명이었다. 나토가 수행한 폭격이 윤리적으로 완전무결하지는 않았다. 세르비아계 민간인 27명이 폭격으로 인해 죽었다. 어쨌거나 1995년 12월 나토는 평화유지군 6만 명을 보스니아에 파병했다. 이러한 전례에 비추어보건대 코소보 전쟁도 쉽게 끝날 듯했다.

나토 항공기에게 가장 큰 위협은 유고슬라비아 공군이 16대 보유

중인 미그-29 펄크럼Fulcrum이었다. 미그-29는 미 공군 주력인 F-15
와 F-16에 대적하기 위해 소련이 1970년대에 개발한 전투기였다.
그러나 미그-29는 나토 공군기 상대가 될 수 없음이 첫 번째 조우에
서 드러났다. 나토의 공습이 개시된 첫날 밤, 요격을 위해 출격한 미
그-29 5기 중 3기가 격추되고, 1기는 레이더 고장으로 귀환하다 아
군에게 오인 격추되었으며, 나머지 1기만이 작전불가 상태로 겨우 귀
환했다. 격추된 미그-29 조종사들이 모두 비상탈출에 성공했다는 게
유고슬라비아에게는 그나마 위안거리였다.

　그렇지만 모든 게 나토에게 유리하게만 전개되지는 않았다. 단적인
예는 공습 4일째인 3월 27일에 벌어진 사건이었다. 저녁 8시 15분,
유고슬라비아 250방공미사일여단은 세르비아 수도 베오그라드Beograd
근방에 2,000파운드 폭탄을 투하하고 돌아가던 나토기를 식별하곤
구식 지대공미사일인 SA-3 고아Goa 2발을 발사하여 격추했다. 격추
된 미군기는 바로 F-117 나이트호크Nighthawk였다.

　나이트호크는 이른바 미사일에 잡히지 않는 최신예 스텔스기였다.
하지만 파장이 긴 레이더는 나이트호크를 얼마든지 감지할 수 있었
다. 250방공미사일여단은 미국의 대對레이더 공대지미사일을 피하기
위해 레이더 사용을 극도로 자제하고 꼭 필요할 때만 켰다. 또 감청을
피하기 위해 인편으로 명령을 주고 받았다. 원시적인 방법으로 대적
해오는 250방공미사일여단은 전쟁 기간 내내 나토 공군기에게 큰 위
협이었다. 3월 30일 두 번째로 피격된 나이트호크는 손상이 심해 전
쟁이 끝날 때까지 다시 작전에 투입되지 못했다.

　250방공미사일여단은 5월 2일 미 공군 F-16도 한 대 격추했다. 코

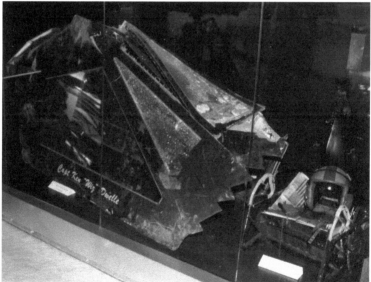

●●● 1999년 당시 F-117 나이트호크(위)는 미사일에 잡히지 않는 최신예 스텔스기였다. 3월 27일 유고슬라비아 250방공미사일여단은 세르비아 수도 베오그라드 근방에 2,000파운드 폭탄을 투하하고 돌아가던 F-117 나이트호크를 식별하곤 구식 지대공미사일인 SA-3 고아 2발을 발사하여 격추했다. 파장이 긴 레이더는 나이트호크를 얼마든지 감지할 수 있었다. 원시적인 방법으로 대적해오는 250방공미사일여단은 전쟁 기간 내내 나토 공군기에게 큰 위협이었다. 아래 사진은 당시 격추된 F-117 나이트호크의 캐노피가 베오그라드 항공박물관에 전시되어 있는 모습이다.

소보 전쟁 동안 유고슬라비아는 모두 815발의 지대공미사일을 발사했다. 전쟁이 끝난 후 랜드 연구소RAND Corporation 소속 연구원들은 압도적인 전력 차에도 불구하고 "나토는 적 레이더 유도 지대공미사일 위협을 완전히 제거하는 데 성공하지 못했다"고 평가했다.

코소보 전쟁이 4년 전 보스니아 공습과 다른 점은 비단 나토 조종사들이 더 위험한 비행을 해야 한다는 점뿐만이 아니었다. 나토의 공습이 정당하다는 주장과 그렇지 않다는 주장이 모두 공존했다. 1991년 걸프전이나 1995년 보스니아 공습과는 확실히 달랐다.

미국 입장은 물론 정당하다는 쪽이었다. 국방장관 윌리엄 코헨William Cohen은 공습을 "인종청소를 막는, 정의를 위한 싸움"이라고 평가했다. 코헨은 3년 전인 1996년 5월 코소보 거주 알바니아계가 10만 명 이상 학살을 당했다고 주장했다. 반면, 코헨이 과도하게 숫자를 부풀린다는 반론도 적지 않았다. 전쟁에 뛰어들기 위한 명분을 억지로 만든다는 의혹 제기였다.

공습이 옳지 않다는 쪽의 주된 논점은 어떠한 전쟁행위도 기본적으로 국제법에 의해 불법이라는 점이었다. 국제연합 헌장은 다른 주권국가에 대한 군사적 무력 사용을 기본적으로 허용하지 않았다. 단, 오직 두 가지 예외만 인정했다. 첫 번째 예외는 먼저 공격받았을 때다. 51조에 의하면 선공을 당했을 경우 개인적 혹은 집단적 자위 권리는 어떠한 경우에도 제한되지 않았다. 그런데 나토 회원국은 유고슬라비아에게 공격을 받은 적이 없었다. 따라서 첫 번째 예외 사유는 해당사항이 없었다.

두 번째 예외는 국제연합 안전보장이사회가 승인한 경우였다. 나토

는 안전보장이사회로부터 코소보 공습에 대한 승인을 얻으려고 시도
했다. 그러나 중국과 러시아의 거부권 행사로 실패했다. 그러니까 나
토는 결국 국제연합 승인 없이 공습을 개시한 셈이었다. 유고슬라비
아는 나토의 공습이 주권국가에 대한 불법적인 전쟁행위며 이는 명백
한 국제법 위반이라고 맹비난했다.

　나토의 공습을 불법이라고 비난하는 측에 의외의 국가가 있었다.
바로 이스라엘이었다. 당시 이스라엘 외무장관 아리엘 샤론^{Ariel Sharon}
은 나토의 공습을 "악랄한 내정간섭"이라고 규정했다. 샤론은 좀 더
구체적으로 세르비아와 코소보 모두 폭력의 희생자라고 주장했다. 코
소보 내 알바니아계를 유고슬라비아가 공격하기 전에 먼저 코소보 해
방군이 코소보 내 세르비아계를 공격 목표로 삼았다는 거였다. 그는
"이스라엘의 정책은 명백하다. 우리는 공격적인 행위에 반대하며, 죄
없는 사람들이 다치는 현 상황에 반대한다. 양측이 가능한 한 빨리 협
상 테이블로 돌아오기를 바란다"고 말했다.

　세르비아에 대한 이스라엘의 남다른 호의에 대해 적지 않은 사람들
이 어리둥절해했다. 세르비아인들이 제2차 세계대전 때 유대인 학살
에 동조하지 않았던 역사 때문이라고 분석하는 사람도 있었다. 한편
으로, 이스라엘과 팔레스타인 간 복잡하고 지저분한 분쟁에 대해 국
제사회가 비슷한 방식으로 해결하려 들까 봐 지레 선수를 쳤다는 해
설도 있었다.

　당시 국제연합 사무총장인 코피 아난^{Kofi Annan}은 나토의 무력 개입
에 대해 심정적으로는 동조한다는 뜻을 표했다. 그는 "평화를 추구하
는 과정에서 무력 사용이 정당한^{legitimate} 때가 있습니다"라고 말했다.

그러나 나토의 일방적인 행동에 대해서는 비판적이었다. 아난은 "국제연합 헌장 하에서 안전보장이사회가 국제 평화와 안전 보장 유지에 주된 책임을 갖습니다. (중략) 따라서, 무력에 의존하려는 어떠한 결정도 안전보장이사회가 반드시 관련되어야 합니다"라는 말로 나토의 공습에 선을 그었다. 결국 아난의 말은 나토의 공습이 정당할지언정 불법illegal이라는 얘기였다. 불법이어도 정당하면 괜찮다고 볼 수 있을지, 혹은 아무리 정당성을 갖춰도 불법은 불법일 뿐인지가 코소보 전쟁을 둘러싼 논란의 핵심이었다.

논란거리는 그 외에도 또 있었다. 코소보 전쟁은 무인정찰기 혹은 군사용 드론의 효시인 프레데터Predator가 실전에 본격적으로 투입된 첫 번째 전쟁이었다. 현장에서 사용되기로는 1995년 보스니아 내전 때가 첫 번째였지만 이때만 해도 미군은 아직 프레데터의 유용성에 대해 믿음보다는 의구심이 컸다. 미국은 보스니아 내전 때 총 4대의 프레데터 중 2대를 고장과 대공사격 등으로 잃었다. 그래도 조종사 인명손실을 걱정하지 않아도 된다는 사실은 분명한 장점이었다. 대당 40억 원인 가격도 상대적으로 저렴하다고 볼 면이 있었다. 물론 프레데터와 연동된 시스템의 부대비용은 대략 200억 원에 달했다. 하지만 드론이 격추되어도 시스템은 멀쩡하기 때문에 여전히 경제적이었다.

코소보 전쟁 내내 미 공군 지휘관들은 실시간 정보가 필요할 때마다 프레데터에 의존했다. 그중 대표적 인물이 당시 미 공군 참모총장 마이클 라이언Michael Ryan과 유럽 주둔 미 공군 사령관 존 점퍼John P. Jumper였다. 보스니아 공습 당시 유럽에 주둔하는 미 16공군 사령관이

●●● 코소보 전쟁은 무인정찰기 혹은 군사용 드론의 효시인 프레데터(사진)가 실전에 본격적으로 투입된 첫 번째 전쟁이었다. 코소보 전쟁 내내 미 공군 지휘관들은 실시간 정보가 필요할 때마다 프레데터에 의존했다. 무인정찰기인 프레데터가 공격능력까지 갖게 된 데에는 유럽 주둔 미 공군 사령관 존 점퍼의 공헌이 지대했다. 점퍼는 프레데터를 원격으로 조종하는 조종사가 직접 공격도 담당하는 방안을 찾도록 지시했다. 프레데터를 공격무기로 개조하기까지 세 번의 법률적 고비를 넘은 끝에 소형 헬파이어 공대지미사일을 무장으로 장착할 수 있게 되었다.

었던 라이언은 프레데터의 유용성을 모르지 않았다.

　무인정찰기인 프레데터가 공격능력까지 갖게 된 데에는 점퍼의 공헌이 지대했다. 점퍼는 코소보 전쟁 중 프레데터를 통해 얻은 영상정보를 공격기인 A-10 썬더볼트Thunderbolt나 F-16에 전달할 방법이 없다는 사실을 깨닫고 당황했다. 유일한 방법은 말로 설명하는 거였다. 점퍼는 처음에 프레데터 영상을 직접 미 공군기가 활용하는 방법을 찾아봤지만 문제투성이였다. 일례로, 악천후 아래서 프레데터의 신뢰성은 수준 이하였다. 점퍼는 프레데터를 원격으로 조종하는 조종사가 직접 공격도 담당하는 방안을 찾도록 지시했다. 점퍼의 명령은 이내 빅 사파리Big Safari에 전달되었다. 빅 사파리는 1952년에 시작된 미 공

MQ-9 Reaper

군 프로그램의 애칭으로 특수무기의 개발, 획득, 군수 등을 관리했다.

사실, 소형인 헬파이어Hellfire 공대지미사일을 프레데터 무장으로 선정하는 것은 엔지니어링 관점에서 별로 어렵지 않았다. 그보다는 법적인 장애물이 훨씬 더 까다로웠다. 프레데터를 공격무기로 개조하기까지 세 번의 법률적 고비를 넘어야 했다.

첫 번째 고비는 무장한 프레데터 개발에 미 의회 승인이 필요하다는 미 공군 변호사 의견이었다. 일정한 절차를 밟은 후 이 문제는 2000년 9월 21일 해결되었다. 두 번째 고비는 새로운 지상발사 순항미사일 개발을 금지하는 1987년 중거리핵탄도미사일조약 위반으로 간주될 위험이 있다는 지적이었다. 관련 부처로부터 조약 위반이 아니라는 의견을 확인한 끝에 2001년 2월 최초의 헬파이어 발사 시험에 성공했다.

마지막 관문은 중앙정보청과 국방부 중 누가 최종적인 책임을 지느냐였다. 기존 프레데터 개발과 활용에 중추적인 역할을 수행한 쪽은 중앙정보청이었던 반면, 무기를 달겠다는 결정은 미 공군과 국방부의 주도 하에 이뤄졌다. 둘 다 프레데터로 누군가를 최초로 죽였다는 책임을 지고 싶지는 않았다. 좀 더 구체적으로 중앙정보청은 공격용 프

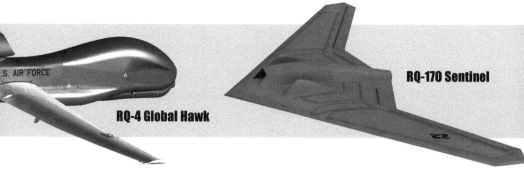

●●● 코소보 전쟁 이후 좀 더 대형인 공격용 드론 MQ-9 리퍼와 고고도무인정찰기 RQ-4 글로벌 호크, 스텔스 무인기 RQ-170 센티넬 등이 속속 개발되었다.이제 무인기와 로봇에 의한 전쟁은 공상이 아닌 현실이 되었다.

레데터 사용이 1976년 암살금지에 관한 대통령령 위반이 될까 우려했다. 미 국방부는 전투지역이 아닌 곳에서 무기를 사용했다는 말을 듣고 싶지 않았다. 프레데터 편대를 무장하는 비용을 누가 내나도 쟁점이었다. 2001년 9월 11일 이후 중앙정보청이 담당한다는 결정이 일사천리로 내려졌다.

사실, 프레데터가 코소보 전쟁에 투입된 유일한 드론은 아니었다. 미 해군과 해병대가 사용한 RQ-2 파이오니어Pioneer도 있었고 독일군이 사용한 CL-289나 프랑스군이 투입한 사젬SAGEM의 스페르웨르Sperwer도 있었다. 코소보 전쟁에서 미국은 드론 21대를, 독일과 프랑스는 각각 7대와 5대를 잃었다.

코소보 전쟁 이후 좀 더 대형인 공격용 드론 MQ-9 리퍼Reaper와 고고도무인정찰기 RQ-4 글로벌 호크Global Hawk 등이 속속 개발되었다. 2002년 12월 공대공미사일 스팅어Stinger로 무장한 프레데터는 이라크군 미그-25를 상대로 선공을 날렸다. 역사상 최초로 벌어진 무인기와 유인기 간 대결은 미그-25의 승리로 끝났다. 2011년 12월 미국

극비 스텔스 무인기 RQ-170 센티넬Sentinel이 이란 육군 전자전 부대에 의해 사로잡히는 사건이 벌어졌다. 해킹된 센티넬은 이란 공항을 미군기지로 착각해 얌전히 내려앉았다.

이제 무인기와 로봇에 의한 전쟁은 공상이 아닌 현실이 되었다.

CHAPTER 9
여러 기준을 종합적으로 검토하는 벡터 최적화 이론

● 앞 5장에서 무기의 경제성을 분석하는 기본적인 이론을 다뤘다. 그러나 비용-효과 분석과 대안 분석이 언제나 쓸 수 있는 만병통치약은 아니다. 가장 큰 문제는 효과를 한 가지로 정할 수 없을 때다. 조금만 생각해보면 무기에게 이런 경우는 흔하다.

예를 들어 전차를 생각해보자. 전차의 주요 성능은 그 자체가 각각의 효과다. 우선 공격력을 생각하지 않을 수 없다. 일정 거리에서 적 전차 장갑을 관통할 수 있는 능력은 필수적이다. 그런가 하면 방어력도 무시할 수 없다. 적 전차가 쏘는 대전차포탄과 각종 대전차미사일을 견뎌내고 무력화시키는 성능은 중요한 고려사항이다. 더불어 기동력도 빼놓을 수 없다. 방어력과 공격력에 너무 치중하다 보면 전차 속도가 너무 느려지고 항속거리도 짧아진다. 이외에도 깊이 들어갈수록 도외시할 수 없는 여러 성능 항목, 즉 효과가 있기 마련이다.

각각의 효과에 대해 비용-효과 분석을 수행하면 되지 않나 하는 생각이 들 수도 있다. 그러나 이는 불완전하다. 가령, A, B, C라는 세 가지 대안이 있다고 할 때, 공격력이라는 효과에 대해서는 A가 제일 좋은 반면 방어력에 대해서는 C가 제일 우수한 경우 어떻게 결정해야 할지 모호하기 때문이다.

이와 같은 경우에 사용할 수 있는 이론이 물론 없지 않다. 이름하여 벡터 최적화 이론이다. 최적화라는 말만으로도 이미 이마를 찡그리기 쉽다. 거기에다 벡터라는 말까지 추가되었으니 내용상 난해함이 오죽할까 싶다. 개론서인 이 책에서 벡터 최적화의 구체적인 해법을 설명하려는 시도는 지나친 욕심일 듯싶다. 하지만 기본 원리를 이해하는 것은 또 다른 문제다. 이번 장에서는 최적화 개념과 벡터 최적화 개요에 대해 간략히 얘기해보도록 하자.

뭔가를 최적화한다는 말은 최선의 결과를 가져오는 요소 간 조합을 찾겠다는 말과 같다. 빵을 예로 들어보자. 제빵사는 여러 재료를 조합하여 최고로 맛있는 빵을 만들기를 원한다. 이 경우 입력 요소는 무엇일까? 일차적인 요소는 재료의 양이다. 밀가루의 양을 얼마나 할지, 우유와 계란은 얼마나 넣을지 등이 결정해야 할 사항이다. 재료의 양 말고도 빵 맛에 영향을 미치는 요소는 얼마든지 있을 수 있다. 반죽을 얼마나 오래할지, 빵을 굽는 온도는 몇 도로 할지, 그리고 빵 굽는 시간을 얼마로 할지 등이 그 예다.

이 예로 미루어보건대 최적화 문제를 정의하려면 세 가지가 필요하다. 첫 번째는 이른바 목적함수다. 목적함수란 가장 크게 만들거나 가장 작게 만들려는, 관찰이 가능한 종속변수를 말한다. 앞의 빵 굽기 예에서라면 빵 맛이 목적함수다.

두 번째 필요사항은 변수다. 여기서의 변수는 목적함수가 취하는 일련의 독립변수를 가리킨다. 위의 빵 굽기 예에서 언급한 재료의 양, 반죽 시간, 빵 굽는 온도 등 입력 요소가 바로 변수다.

세 번째 필요사항은 제약조건이다. 실제 최적화 문제에서 변수가 가질 수 있는 값은 완전히 자유롭지 않다. 현실적인 한계가 있기 때문이다. 위 빵 굽기 예에서 제약조건이 명시적으로 나타나지는 않았다. 그렇지만, 재료의 양이나 빵 굽는 시간 등이 무제한일 수는 없다. 제약조건은 변수가 가질 수 있는 값을 제한한다.

위에서 설명한 내용을 수학적으로 표현하면 다음과 같다.

$$\min \quad f(x_1, x_2, \ldots, x_n) \tag{9.1}$$

$$\text{s. t.(subject to)} \quad g_1(x_1, x_2, \ldots, x_n) \,\square\, b_1, \ldots, g_m(x_1, x_2, \ldots, x_n) \,\square\, b_m \tag{9.2}$$

수학 기호가 나왔다고 지레 겁을 먹을 필요는 없다. 먼저 식 (9.1)을 보자. 여기서 f(x)는 목적함수다. 목적함수 f(x)는 x_1부터 x_n까지 n개의 값을 받아들여 하나의 실수 값으로 치환한다. x_i는 개별 독립변수에 해당한다. min은 최소화한다는 뜻이다. 합쳐놓고 보면 식 (9.1)은 결국 x_i의 모든 조합 중에 f(x)를 최소로 만드는 조합을 찾으라는 뜻이다.

여기서 잠깐, '왜 최소지? 빵 맛 같은 경우에는 최대로 해야 하지 않아?' 하는 생각이 들 수도 있다. 타당한 지적이다. 사실, 식 (9.1)에서 min 대신 max로 써도 무방하다. 최적화 문제는 최소로도, 최대로도 모두 표현 가능하다. 다만, 관습적으로 최소로 나타낼 뿐이다.

최적화하려는 대상을 고려하지 않고 최소를 관습적으로 쓰는 데에는 또 다른 이유가 있다. 바로 모든 최대화 문제를 손쉽게 최소화 문제로 바꿀 수 있기 때문이다. 앞의 빵 굽기를 예로 들어보자. 빵 맛을 최대화하는 게 원래 최적화 문제다. 빵 맛을 h(x)라는 함수로 정의할 때 다음과 같은 간단한 조작을 통해 식 (9.1)에 맞는 형태를 만들 수 있다.

$$f(x) \; \square \; \square h(x) \tag{9.3}$$

즉, 빵 맛의 최대화는 마이너스 빵 맛의 최소화와 아무런 차이가 없다. 이런 식으로 모든 최대화 문제는 식 (9.1)의 최소화 문제로 변환 가능하다.

이제 식 (9.2)에 대해 설명해보자. 식 (9.2)는 m개의 부등식이다. 이 부등식들은 모두 식 (9.1)에 부속하는 제약조건이다. 가령, 빵 굽기에서 빵 굽는 온도가 섭씨 0도보다는 크고 섭씨 500도보다는 낮아야하는 현실적인 제약이 있다고 해보자. 빵 굽는 온도가 예를 들어 변수 x_5라면 다음과 같은 부등식 2개가 제약조건으로 주어지는 셈이다.

$$x_5 \; \square \; 500 \tag{9.4}$$
$$\square \, x_5 \; \square \; 0 \tag{9.5}$$

식 (9.1)과 식 (9.2)가 중요한 이유는 일단 이와 같은 형태로 최적화 문제를 나타내면 나머지 해를 구하는 과정은 일사천리기 때문이다.

어떻게 해를 구하는지를 여기서 설명할 수는 없다. 하지만 구할 방법이 많다는 정도는 자신 있게 얘기할 수 있다. 최적화 문제를 제대로 정의하지 않아서 문제지, 정의하고 나면 답을 구하는 것은 큰 문제가 아니라는 얘기다.

사실 알고 보면 5장에 나왔던 대안 분석도 최적화 문제로 재정의하는 것이 가능하다. 가령, 비용을 일치시키고 효과를 최대로 만드는 방법을 찾는다고 해보자. 우선 최대화하려는 효과에 -1을 곱한 값을 목적함수 f(x)로 정의해야 한다. 그 다음 비용을 1조 원으로 고정시킬 경우, 이를 다음과 같은 2개의 제약조건으로 바꾸어 표현할 수 있다.

$$x \,\square\, 1 \square 10^{12} \tag{9.6}$$
$$\square\, x \,\square\,\square 1 \square 10^{12} \tag{9.7}$$

여기서 x는 비용을 나타낸다. 말하자면, 모든 등식은 식 (9.6)과 식 (9.7)처럼 부등식 2개로 바꿀 수 있다.

이제 벡터 최적화에 대한 개요를 설명하도록 하자. 벡터 최적화 문제를 식으로 나타내는 여러 방법 중 한 예를 들자면 다음과 같다.

$$\min \quad \vec{f}(x_1, x_2, \ldots, x_n) \tag{9.8}$$
$$\text{s. t. } g_1(x_1, x_2, \ldots, x_n) \,\square\, b_1, \ldots, g_m(x_1, x_2, \ldots, x_n) \,\square\, b_m \tag{9.9}$$

식 (9.8)은 식 (9.1)과 거의 같은 식처럼 보인다. 유일한 차이는 식 (9.1)의 목적함수 f(x)가 스칼라인 반면 식 (9.8)의 목적함수는 벡터라는 사실이다. 즉, 벡터 최적화 문제에서 최소화되는 대상은 여러 함수다. 이를 좀 더 공식적으로 나타낸 결과가 다음의 식 (9.10)이다.

$$\vec{f}(x_1, x_2, \ldots, x_n) \; \Box \; [f_1(x_1, x_2, \ldots, x_n) \; f_2(x_1, x_2, \ldots, x_n) \; \ldots, f_l(x_1, x_2, \ldots, x_n)] \quad (9.10)$$

즉, 식 (9.10)에서 볼 수 있듯이 벡터 최적화에서 최소화되는 대상은 1개가 아니라 l개의 함수다.

사실, 수학적으로 깔끔하게 정리하는 일과 답을 구하는 일은 서로 별개다. 식 (9.8)과 같은 벡터 최적화 문제가 대표적인 예다. 기호상 모호한 부분은 없지만 막상 어떤 변수 조합이 최선인가에 대해 판단하기가 곤란하다.

이 말이 무슨 뜻인지 설명하기 위해 예를 들도록 하자. 앞에서 언급했던 것처럼 전차의 성능을 공격력과 방어력 두 가지 관점에서 평가한다고 해보자. 이 경우, 최대화하려는 벡터 목적함수는 2개의 좌표를 갖는다. 첫 번째 좌표는 공격력에 해당하고, 두 번째 좌표는 방어력에 해당한다. 식 (9.8)과 식 (9.10)의 형식을 빌린다면, $f_1(x)$는 공격력이고 $f_2(x)$는 방어력인 셈이다.

동일한 비용 x를 갖는 다섯 종류의 전차 A, B, C, D, E가 서로 경합한다고 가정하자. 이들의 공격력과 방어력을 정리한 결과가 〈표 9.1〉이라고 할 때 무슨 결론을 내릴 수 있을까? 잘 살펴보면 몇 가지 사항은 분명해진다. 첫째로 B와 D는 답이 될 수 없다는 점이다. 왜냐하면 B는 A에 대해, 그리고 D 또한 E에 대해 공격력과 방어력 둘 다 동등하거나 혹은 열세기 때문이다.

	A	B	C	D	E
공격력	10	10	8	3	3
방어력	4	3	7	8	10

남은 A, C, E 중 무엇이 최선이냐가 문제다. 벡터 최적화 자체는 벡터의 모든 좌표, 즉 각각의 목적함수를 최대화해야 한다고 얘기할 뿐, 목적함수별 최선이 다른 대안일 때 어떻게 하라는 얘기를 하지 않는다.

〈표 9.1〉을 보면 공격력이라는 목적함수에서는 A가 최선이지만 방어력이라는 목적함수에서는 E가 최선이다. 벡터 최적화로는 둘 중 무엇이 더 최선일지 정할 수 없다. F라는 전차가 있어 공격력도 10이고 방어력도 10이라면 문제는 간단해지지만, 그런 전차는 없다. 안타깝게도, 이런 상황은 예외기보다는 법칙에 가깝다.

하지만 여기서 멈출 수는 없는 노릇이다. 이 상황을 타개할 수 있는 방안은 두 가지다. 첫 번째는 여러 목적함수 간에 우선순위를 정하는 방안이다. 가령, 각각의 전차에 대해 평가를 하기 전에 미리 "이번에는 공격력을 최우선 기준으로 삼고 방어력은 2차적 기준으로 삼는다"고 정해놓았다고 해보자. 그러면 우선 1차적 기준인 공격력에 의해 C, D, E는 탈락하고 공격력이 동일한 A와 B만 남는다. 이제 2차적 기준인 방어력을 비교해 방어력이 더 높은 A를 선정하면 된다. 이 방법은 이론적으로는 아무 문제가 없지만 실제로는 잘 쓰지 않는다. 목적함수 간의 우선순위를 정한다는 것이 말은 쉬워도 막상 실행하기 쉽지 않아서다. 또 우선순위를 정하기 곤란한 상황도 없지 않다.

그래서 실제 무기 선정 시 주로 사용되는 방법은 다음에 나올 두 번째 방법이다. 이는 여러 좌표를 갖는 벡터 목적함수를 하나의 스칼라 목적함수로 바꾸는 게 핵심이다. 어떤 방식으로든 결국 하나의 목적함수가 주어지면 이에 대한 최적화 수행은 어렵지 않다.

사실, 벡터를 스칼라로 바꾸는 방법은 무궁무진하다. 일종의 확장된 절대값이라고 할 수 있는 노엄norm이 한 예다. 그러나 무기를 정할 때는 산술적 가중평균 방법을 거의 예외 없이 쓴다. 산술적 가중평균 방법이란 각각의 목적함수 좌표별로 임의의 가중치를 곱한 값을 다 더해 새로운 목적함수를 정의하는 방법이다. 이를 수식으로 표현하자면 다음과 같다.

$$f(x_1,\ldots,x_n) \square \square_1 f_1(x_1,\ldots,x_n) \square \square_2 f_2(x_1,\ldots,x_n) \square \ldots \square \square_l f_l(x_1,\ldots,x_n) \qquad (9.11)$$

식 (9.11)의 ω들은 벡터 목적함수의 각 좌표에 부여된 가중치다. 모든 ω의 합이 1이 되도록 하는 경우가 일반적이지만 꼭 그렇게 해야 할 이유는 없다. 동일한 가중치가 여러 대안에 공통적으로 적용되기만 한다면 아무 문제는 없다. 모든 ω가 같은 값을 갖는 경우, 새로운 목적함수 f(x)는 기존 벡터 목적함수 좌표들의 산술평균과 같다.

산술적 가중평균 방법을 사용한 구체적인 예를 한두 가지 살펴보자. F-X 사업에서 방위사업청은 크게 비용, 작전요구성능의 충족성, 운용적합성, 그리고 경제-기술적 편익의 네 가지 기준을 내세우고 각각 30퍼센트, 33.61퍼센트, 17.98퍼센트, 그리고 18.41퍼센트의 가중치를 부여했다. 일본의 경우, 성능, 기술이전, 기체 자체 가격, 그리고 후속군수지원의 네 가지를 평가항목으로 삼았다. 가만히 살펴보면 일본이 선정한 평가항목 중 세 번째와 네 번째는 결국 비용이고, 두 번째 항목은 경제적 이득이며, 첫 번째 항목은 비행기 자체 성능임을 깨달을 수 있다.

어떤 방법이 많이 사용된다고 해서 꼭 그게 최선이라는 보장은 없다. 사실 앞의 방법에는 많은 문제가 있다. 우선 각각의 항목에 일정한 가중치를 부여하는 문제부터 생각해보자. 예를 들어, 비용과 경제적 이득에 각각 25퍼센트라는 가중치를 줬다고 하자. 이게 무엇을 의미하는 걸까? 이는 비용에서 만점인 25점을 따나 경제적 이득에서 25점을 따나 똑같다는 뜻이다. 그런데 조금만 생각해보면 이는 앞뒤가 맞지 않는 얘기다. 특히, 비용의 25점이 10조 원의 확정된 지출인 반면, 경제적 이득의 25점이 1조 원의, 그것도 불확실한 매출이라면 더욱 그렇다. 돈은 직접 더하기, 빼기가 가능한 항목이다. 이를 별개 항목으로 분리했다면 뭔가 공정하지 않은 의도가 있다는 증거일 수 있다.

또 다른 문제점은 비용과 효과가 이와 마찬가지로 동일선상에서 평가된다는 점이다. 가령, 두 무기 A와 B를 비교하는데, 비용 가중치가 25퍼센트고 성능 가중치가 50퍼센트라고 해보자. 비용에서 A는 4조 원이라 25점을 받고 B는 8조 원이라 15점을 받았다고 하자. 또, 성능에서는 A가 30점을, B가 50점을 받았다고 하자. 이 경우, A 최종 점수는 55점, B 최종 점수는 65점으로 B가 이긴다. 이러한 상황을 그래프로 나타내면 〈그림 9.1〉과 같다.

〈그림 9.1〉을 보면 5장에서 얘기했던 내용이 이내 떠오른다. 이 상태로는 A와 B 둘 중에 어느 것이 더 비용 효과적인지 알 수 없다. 다

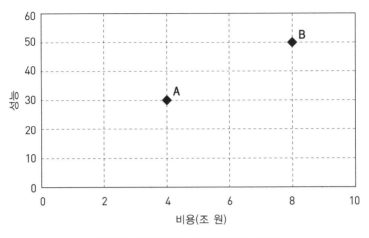

<그림 9.1> 두 무기 A와 B의 비용과 성능 비교

시 반복해서 얘기하지만 비용이나 효과 둘 중 하나를 일치시키지 않고 수행하는 경제성 분석은 신뢰할 수 없다.

게다가 여기에는 점수를 주는 방식으로 인한 추가적인 문제도 있다. 비용이나 성능에 해당되는 점수체계를 임의로 정해 원하는 결론을 끌어낼 수도 있다는 얘기다. 예를 들어, 4조 원의 비용이 왜 25점 만점이고 8조 원의 비용이 왜 15점이어야 하는지 설명하기가 쉽지 않다. 마찬가지로, 성능 점수상 50점과 30점의 차이가 실제 효과라는 면에서 큰 차이가 아닐 가능성도 배제할 수 없다.

현실적으로, 성능을 평가하는 항목이 하나만 있기를 기대하기는 어렵다. 비용을 일치시키고 경제성 분석을 한다고 하더라도 여전히 여러 효과들을 동시에 고려해야 하는 문제는 남는다. 그럴 때는 거의 관행적으로 여러 효과에 가중치를 주어 점수를 합산하곤 한다. 그러나 그러한 합산만이 유일한 방법은 아니다.

일례로, 최종 목적함수를 정할 때 각 효과를 곱하는 방법도 생각해볼 수 있다. 다방면의 성능이 모두 중요한 무기라면 합보다는 곱으로 목적함수를 구성하는 쪽이 더 타당하기 쉽다. 이게 무슨 뜻인지 숫자로 설명해보자. 전차의 공격력과 기동력이 각각 10점 만점에 (9, 1)인 전차 A와 (5, 5)인 전차 B가 있다고 해보자. 공격력과 기동력의 가중치가 똑같다고 할 때 산술적 가중평균 방법에 의하면 두 전차는 모두 10점으로 동등하다. 하지만, 목적함수를 공격력과 기동력의 곱으로 구성한 경우, A는 9점에 그치나 B는 25점에 이른다.

사실, 벡터 최적화 문제를 대하는 방법에는 한 가지가 더 있다. 바로, 경제성 분석에서 무슨 결과가 나오든 상관 없이 정치적으로 결정하는 경우다. 놀랍게도 이러한 방법은 너무나 흔히 사용된다. 원하는 결과가 나올 때까지 가중치를 계속 바꾸는 방법도 물론 있다. 아무리 합리적이고 타당한 이론이 있어도 최종적 의사결정이 주관적으로 이뤄진다면 경제성 분석은 하나마나다.

CHAPTER 10
MQ-9 리퍼 1대와 RQ-7 쉐도우 3대 중 하나를 고른다면?

● 코소보 전쟁 얘기로 되돌아가기에 앞서 벡터 최적화에 대한 구체적인 사례를 하나 다뤄보자. 분석 대상은 무인항공기, 즉 군용 드론이다. 여러 군용 드론 중 비용 대비 효과가 가장 뛰어난 드론이 무엇인지 파악하는 게 분석 목표다.

먼저 비교할 드론을 소개하자. 첫 번째 드론은 제네럴 아토믹스 General Atomics MQ-9 리퍼다. 2007년에 실전 배치된 리퍼는 2014년 기준 총 163대가 제작되었다. 코소보 전쟁 때 사용되었던 프레데터를 기반으로 덩치를 키운 리퍼는 한때 프레데터 B라고 불리기도 했다. 리퍼의 터보프롭 엔진은 프레데터의 피스톤 엔진보다 출력이 8배이상 크며 폭탄탑재량은 14배 이상 늘었고 순항속도도 2배 이상 빨라졌다.

여기서 잠깐, 리퍼와 프레데터 제작사인 제네럴 아토믹스에 대해 언급하고 가도록 하자. 캘리포니아 샌디에이고San Diego에 위치한 제네럴 아토믹스는 원래 무기회사 제네럴 다이나믹스의 사업부로 이름 그 대로 원자력기기를 개발하던 회사였다. 초기 대표적인 프로젝트 중에 오라이언^{Orion}이 유명하며, 핵폭탄 폭발력으로 비행하는 우주선 개발이 목표였다. 이후 걸프 오일$^{Gulf Oil}$과 로열 더치 쉘$^{Royal Dutch Shell}$, 그리고 쉐브론^{Chevron}과 같은 석유회사에 수차례 팔린 후, 결국 각종 무기를 생산하는 기업집단으로 변모했다. 제네럴 아토믹스는 미 해군 레일건$^{Navy rail gun}$을 개발하는 주관사기도 하다.

두 번째 드론은 제네럴 아토믹스 어벤저$^{General Atomics Avenger}$다. 2009년 최초 시험비행에 성공한 어벤저는 프레데터 C라고 불리기도 한다. 무장능력은 리퍼와 비슷하지만 고출력 터보팬 엔진이 장착됨에 따라 고속비행이 가능하고 스텔스 성능도 갖췄다.

세 번째 드론도 역시 제네럴 아토믹스가 개발한 MQ-1C 그레이 이글$^{Gray Eagle}$이다. 프레데터를 개량해 2009년 실전 배치한 그레이 이글은 특히 기수 부분이 대폭 커진 것이 특징적이다. 그레이 이글은 무장능력과 속도가 프레데터보다 개선되었지만 리퍼나 어벤저에 비해서는 사실 열세하다.

마지막 네 번째 드론은 미국 AAI가 개발한 RQ-7 쉐도우^{Shadow}다. 쉐도우는 소형 드론으로 프레데터보다도 표면적 성능이 뒤떨어진다. 원래 쉐도우에게는 정찰을 의미하는 제식명칭 기호 R로 짐작할 수 있듯 공격능력이 없었다. 참고로 기호 Q는 드론을 의미하고 M은 여러 임무에 투입될 수 있음을 뜻한다. 여기서 고려하는 대상은 무장 탑재형 쉐도우다. 지금까지 나온 네 종류 드론의 주요 성능과 대당 가격을 정리한 결과가 〈표 10.1〉이다.

MQ-9 Reaper

General Atomics Avenger

●●● **MQ-9 리퍼 -** 2007년에 실전 배치된 MQ-9 리퍼는 2014년 기준 총 163대가 제작되었다. 코소보 전쟁 때 사용되었던 프레데터를 기반으로 덩치를 키운 리퍼는 한때 프레데터 B라고 불리기도 했다. 리퍼의 터보프롭 엔진은 프레데터의 피스톤 엔진보다 출력이 8배 이상 크며 폭탄탑재량은 14배 이상 늘었고 순항속도도 2배 이상 빨라졌다.

어벤저 - 2009년 최초 시험비행에 성공한 어벤저는 프레데터 C라고 불리기도 한다. 무장능력은 리퍼와 비슷하지만 고출력 터보팬 엔진이 장착됨에 따라 고속비행이 가능하고 스텔스 성능도 갖췄다.

〈표 10.1〉 리퍼, 어벤저, 그레이 이글, 쉐도우의 주요 성능과 대당 가격

	폭탄탑재량(kg)	순항속도(km/h)	대당 가격(억 원)
리퍼	1,746	333	169
어벤저	1,814	667	150
그레이 이글	243	232	215
쉐도우	16	130	7.5

〈표 10.1〉에 주요 성능 두 가지와 대당 가격이 주어졌으니 이제 벡터 최적화를 수행하면 되는 걸까? 이에는 좀 더 고민이 필요하다. 물론 무기개발 단계라면 무장능력이나 순항속도 등과 같은 성능지표에 대해 비용-효과 분석을 수행하기도 한다. 하지만 5장에서도 지적했듯이 속두 자체가 효과는 아니다. 무기의 효과란 무기가 목적하는 바에 따라 달라지기 마련이다. 속도나 무장 등은 그 최종적인 효과를 달성하기 위한 중간 매개변수에 불과하다.

MQ-1C Gray Eagle

RQ-7 Shadow

●●● **MQ-1C 그레이 이글 -** 프레데터를 개량해 2009년 실전 배치한 MQ-1C 그레이 이글은 특히 기수 부분이 대폭 커진 것이 특징적이다. 그레이 이글은 무장능력과 속도가 프레데터보다 개선되었지만 리퍼나 어벤저에 비해서는 사실 열세하다.

RQ-7 쉐도우 - 소형 드론으로 프레데터보다도 표면적 성능이 뒤떨어진다. 정찰을 의미하는 제식 명칭 기호 R로 짐작할 수 있듯이 원래 쉐도우는 정찰용으로 개발되어 공격능력이 없었다.

용케도 이번 사례에는 활용 가능한 다른 데이터가 있다. 바로 시뮬레이션 결과다. 시뮬레이션이란 각 드론이 구체적 임무를 얼마나 잘 수행하는지를 컴퓨터로 검증한 결과다. 여기서는 여러 조건과 시나리오 하에서 시행한 시뮬레이션 결과를 바탕으로 벡터 최적화를 수행해 보자.

먼저 시나리오를 살펴보자. 우선 낮과 밤을 구별해야 한다. 이유는 시간대에 따라 드론이 주로 의존하는 센서가 달라지기 때문이다. 가령, 낮이라면 전자광학카메라를 쓰지만 밤에는 적외선카메라를 쓰기 마련이다. 또한, 합성조리개레이더와 지상이동표적지시레이더를 결합해 쓰기도 한다. 드론에 장착된 센서 종류에 따라 낮과 밤의 능력에 차이가 난다. 또한, 날씨 조건에 따라서도 달라진다. 맑은 날이 드론에게 가장 유리하고 안개가 끼거나 구름이 짙으면 드론에게 불리하다. 이를 조합하면 총 6가지 시나리오가 존재하는 셈이다. 〈표 10.2〉에 6가지 시나리오를 정리해 나타냈다.

〈표 10.2〉 드론의 성능을 평가하는 6가지 시나리오

	맑음	안개	흐림
낮	(낮, 맑음)	(낮, 안개)	(낮, 흐림)
밤	(밤, 맑음)	(밤, 안개)	(밤, 흐림)

다음으로 결정해야 할 사항은 드론의 효과를 어떻게 평가할까다. 시뮬레이션 결과에는 지상에서 이동 중인 목표물에 대한 식별확률, 평균식별시간, 공격성공확률, 평균공격소요시간 등의 다양한 지표들이 제시되어 있다. 가령, 평균식별시간 같은 경우, (낮, 맑음) 시나리오에서 리퍼는 8.78분인 반면, 어벤저는 6.67분 걸렸다. 어벤저의 순항속도가 리퍼의 2배임을 생각하면 충분히 납득할 만한 결과다. 대조적으로, 같은 시나리오 하에서 쉐도우는 9.57분이 걸렸다. 리퍼의 반에도 못 미치는 속도지만 그렇다고 식별시간이 2배 이상 길어지지는 않음을 이를 통해 확인할 수 있다.

임무를 달성할 확률과 임무를 마치는 데 걸린 시간이라는 두 종류 지표가 있을 때 어떻게 목적함수를 정하면 좋을까? 정답이 있기 어려운 질문이지만 여기서는 소요시간은 무시하고 성공확률에만 집중하기로 하자. 당연히 임무를 빨리 달성하는 게 바람직하지만 그 시간 차이가 크지 않고, 또 성공확률이 소요시간보다 결국 더 중요하기 때문이다.

또 다른 고민거리는 식별과 공격의 두 측면을 어떻게 평가할까다. 정찰 목적으로만 드론을 사용한다면 식별확률이 주된 효과가 되어야 한다. 반면, 공격에만 집중한다면 식별을 굳이 고려할 필요 없이 공격성공확률만 보는 것이 좀 더 타당하다.

문제는 둘 다 고려하고 싶을 때다. 이때는 두 효과를 어떤 식으로든 결합해야 한다. 여기서는 통상적인 합 대신 곱으로 목적함수를 구성하도록 하자. 만약, 식별확률과 공격성공확률이 모두 100퍼센트면 두 확률의 곱 역시 100퍼센트다.

반면, 다음과 같은 두 경우를 비교해보자. 하나는 식별확률은 90퍼센트지만 공격성공확률은 10퍼센트에 그치는 경우고, 다른 하나는 식별확률과 공격성공확률 모두 50퍼센트인 경우다. 전자는 정찰은 잘하지만 공격에 실패하는 일이 많다는 뜻이고, 후자는 정찰능력은 떨어지지만 발견하기만 하면 100퍼센트 공격에 성공한다는 의미다. 통상적인 덧셈의 목적함수라면 두 경우는 100퍼센트로 서로 동등하다. 하지만 여기서 쓸 곱셈의 목적함수라면 각각 9퍼센트와 25퍼센트로 계산되어 다르다. 상식적으로 판단해보면 정찰과 공격 둘 다 중요한 경우, 전자보다 후자의 드론이 더 낫다.

마지막으로 시나리오 간 가중치를 결정하자. 여기서는 맑음을 50퍼센트, 흐림을 30퍼센트, 안개를 20퍼센트로 정하자. 네 종류 드론이 각각의 시나리오에서 어떤 성능을 발휘했는지를 정리한 결과가 〈표 10.3〉이다.

〈표 10.3〉 6가지 시나리오 하에서 각 드론의 효과 목적함수

	(낮, 맑음)	(낮, 안개)	(낮, 흐림)	(밤, 맑음)	(밤, 안개)	(밤, 흐림)
리퍼	76%	58%	37%	84%	86%	35%
어벤저	92%	80%	36%	94%	94%	39%
그레이이글	39%	33%	21%	24%	20%	19%
쉐도우	34%	11%	33%	6%	5%	3%

〈표 10.3〉을 보면 몇 가지 사실이 눈에 띈다. 첫째, 리퍼나 어벤저의 효과가 그레이 이글이나 쉐도우보다 한참 높다는 점이다. 쉐도우는 전반적으로 열세일 뿐만 아니라 특히 밤에 취약함을 드러냈다. 흥미롭게도 리퍼나 어벤저의 경우 밤이라고 해서 꼭 낮보다 효과가 떨어지지 않고 오히려 더 나아지는 면도 있다. 이는 두 드론에 채택된 링스 레이더lynx radar 때문인 것으로 추정된다.

둘째, 많은 경우 안개는 그다지 큰 장애가 아닌 데 비해, 흐린 날씨는 드론의 효과를 심각하게 떨어뜨렸다. 낮이든 밤이든 구름이 많이 낀 날의 효과는 성능이 우수한 리퍼나 어벤저조차도 30퍼센트대에 그쳤다.

그렇지만 앞에서도 누차 반복했듯이 〈표 10.3〉의 효과만을 보면서 각 드론의 경제성을 얘기할 수는 없다. 그러려면 각 대안의 비용을 일치시켜야만 한다. 사실, 일치시켜야 할 비용은 〈표 10.1〉에 나타낸 드론의 대당 가격이기보다는 시스템의 총 수명비용이다. 그럼에도 불구하고 대당 가격을 나타낸 이유는 시스템의 총 수명비용에 대한 정보를 구할 방법이 없었고, 또 드론 자체를 제외한 나머지 시스템 비용은 드론의 경우 공통적인 특징이 있어서였다. 즉, 드론의 대당 가격은 시스템의 총 수명비용에 대한 너무 어긋나지 않은 대용지표가 될 수 있다.

리퍼와 어벤저, 그리고 그레이 이글의 가격과 효과를 함께 비교해 보면 한 가지 사실이 분명해진다. 세 드론의 가격은 각각 169억 원, 150억 원, 그리고 215억 원으로 크게 차이 나지 않는다. 게다가 가격을 일치시키지 않더라도 셋 중에 제일 비싼 그레이 이글의 효과는 리퍼나 어벤저보다 떨어진다. 그렇다면 군이 그레이 이글을 택할 이유가 없다. 즉, 그레이 이글은 탈락해야 마땅하다.

리퍼와 어벤저 간의 비교는 어떨까? 둘의 무장능력은 거의 차이가 없고 단지 터보팬 엔진을 가진 어벤저가 2배 이상 빠르다. 하지만 시나리오별 가중치를 곱한 최종 효과의 관점에서 보면 〈표 10.4〉에 나온 것처럼 65퍼센트 대 75퍼센트로 아주 큰 차이가 나지는 않는다. 여기에 대당 가격이 150억 원인 어벤저가 169억 원인 리퍼보다 심지어 싸다는 사실을 감안하면 어벤저가 리퍼보다 더 나은 대안임은 분명해 보인다.

〈표 10.4〉 각 드론의 최종 효과

드론	리퍼	어벤저	그레이 이글	쉐도우
최종 효과	65%	75%	27%	17%

이것으로 벡터 목적함수에 대한 비용-효과 분석이 끝난 걸까? 어벤저가 리퍼나 그레이 이글보다 더 나은 대안임은 확인이 되었다. 이는 사실 어느 정도 예상했던 일이다. 성능이 뛰어남에도 불구하고 가격은 셋 중에 제일 낮으니 어렵게 분석할 필요조차 없었을지도 모른다.

그런데 사실 한 가지를 빼놓았다. 쉐도우는 효과가 상대적으로 워낙 낮아 제쳐두었다. 하지만 대당 7.5억 원이라는 가격을 생각하면 뭔가 찜찜하다. 의미 있는 비교를 하려면 비용을 일치시켜야 한다고 끊임없이 얘기했다. 이 경우, 비용 일치는 그렇게 어렵지 않다. 어벤저 1대면 쉐도우 20대를 살 수 있다.

문제는 쉐도우 20대의 효과를 어떻게 구하냐는 점이다. 20대가 있으니 1대 있을 때의 효과에 20을 곱하면 될까? 결코 그렇지 않다. 왜 그렇게 할 수 없는지를 간단히 증명하자. 〈표 10.3〉에 의하면, 예를 들어, (낮, 맑음)에서 쉐도우의 효과는 34퍼센트다. 여기에 20을 곱하면 680퍼센트가 나온다! 이런 확률은 존재하지 않는다. 그러면 확률의 최대치인 100퍼센트로 간주할 수 있을까? 확신하기 어렵다. (밤, 흐림)에서 3퍼센트인 쉐도우가 20대 모이면 60퍼센트의 효과를 보일까? 실제로 해보지 않고 그걸 알 수 있는 사람은 없다.

시뮬레이션이 갖는 장점 중 하나는 이와 같은 질문에 대한 답도 얻을 수 있다는 점이다. 일례로, 쉐도우 3대를 같이 투입했을 때 효과를 구해보면 〈표 10.5〉와 같다. 놀랍게도 쉐도우 3대는 어벤저 1대에 거의 필적할 만한 효과를 보인다. 밤 동안 효과는 대략 낮의 3분의 2 수준이지만, 대신 어벤저가 상대적으로 취약한 흐린 날씨에도 꾸준한 효과가 나타난다.

결과적으로 시나리오별 가중치를 곱한 최종 효과는 76퍼센트로 어벤저의 75퍼센트보다 1퍼센트 높다. 즉, 두 대안의 효과를 사실상 일치시킨 셈이다. 비용은 쉐도우 3대 쪽이 어벤저의 15퍼센트에 불과하다. 그렇다면 결론은 나왔다. 쉐도우를 여러 대 사는 쪽이 어벤저 한 대를 사는 것보다 더 낫다.

〈표 10.5〉 쉐도우 3대와 어벤저 1대의 시나리오별 효과 비교

	(낮, 맑음)	(낮, 안개)	(낮, 흐림)	(밤, 맑음)	(밤, 안개)	(밤, 흐림)
쉐도우 3대	91%	70%	90%	66%	66%	62%
어벤저	92%	80%	36%	94%	94%	39%

그렇다면 미국은 왜 그토록 새로운 드론 개발에 집착할까? 먼저 이와 관련된 배경을 설명한 후 질문에 답하도록 하자. 전쟁에서 가장 정신적으로 타격을 받는 병과는 말할 필요도 없이 보병이다. 왜냐하면 다른 사람의 눈을 보면서 살인을 하게 되기 때문이다. 공군 조종사나 해군 수병 중에 외상 후 스트레스 장애를 겪는 사람이 별로 없는 까닭도 같은 이유다. 이들은 자신이 죽인 다른 사람들 표정을 가까이서 볼 기회가 거의 없다.

또, 외상 후 증후군은 직접 살인을 하지 않더라도 잔혹한 환경에 오래 노출되면 발생한다. 예를 들어, 베트남전 당시 미군 남성의 외상 후 증후군 비율이 약 24퍼센트였던 반면, 미군 여성의 비율은 거의 40퍼센트로 훨씬 더 높았다. 이유는 미군 여성의 약 83퍼센트가 종군 간호사로서 매일 끔찍한 죽음을 접했기 때문이다. 이를 입증하는 또 다른 통계로, 부상당한 군인의 외상 후 증후군 비율은 부상당하지 않은 군인의 거의 4배에 달했다.

미국 보훈부는 베트남전에 참전한 미군 병사 중 약 83만 명이 외상 후 증후군에 시달리고 있다고 평가했다. 종전 후 25년이 경과한 시점에 이뤄진 후속 조사에 의하면, 경미한 증후까지 포함할 경우 참전군인의 약 80퍼센트가 괴로움을 겪고 있다. 2013년 기준 미국-이라크 전쟁에서 돌아온 군인 중 20퍼센트가 외상 후 증후군 환자로 판명되었고 13퍼센트는 무직으로 확인되었다. 외상 후 증후군으로 인해 정상적인 사회생활이 불가능하여 직장에서 쫓겨난 경우도 없지 않았으리라 짐작할 수 있다.

드론과 같은 원격무기 활용은 당장은 외상 후 증후군 발병을 감소

●●● 드론과 같은 원격무기 활용은 당장은 인명피해와 외상 후 증후군 발병을 감소시킬 것이다. 그러나 세상에 완벽한 해결책은 좀처럼 존재하지 않는다. 무기의 원격화가 진전될수록 무력 행사가 좀 더 빈번해질 수 있기 때문이다. 현재 미군 교리는 그러한 방향을 노골적으로 지향하고 있다. 무기 원격화의 또 다른 문제는 정도를 넘어선 반인륜적인 명령에 군인들이 저항할 가능성이 줄어든다는 점이다.

시킬지도 모른다. 그러나 세상에 완벽한 해결책은 좀처럼 존재하지 않는다. 무기의 원격화가 진전될수록 무력 행사가 좀 더 빈번해질 수 있기 때문이다. 현재 미군 교리는 그러한 방향을 노골적으로 지향하고 있다.

무기 원격화의 또 다른 문제는 정도를 넘어선 반인륜적인 명령에 군인들이 저항할 가능성이 줄어든다는 점이다. 아무리 군대가 명령에 복종하는 조직이라고 해도 선을 넘어선 명령에 대해 병사들이 스스로 양심에 의거해 거부할 가능성은 언제나 열려 있었다. 가령, 민간인을 이유 없이 죽이라는 명령을 받은 썬더볼트 조종사는 이를 거부하고 귀환해 대외적으로 고발하거나 심지어는 상관을 직접 공격할 수도 있다. 제2차 세계대전 이후 독일은 비인도적 명령을 거부할 권리와 명령을 내린 상관을 고발할 권리를 군인들에게 부여했다. 하지만 리퍼를 원격 조종하는 조종사가 거부했다가는 언제든지 헌병에 의해 끌려나가기 십상이다.

결정적으로 무기의 원격화, 무인화, 그리고 자율화의 최종 종착점은 로봇 무기다. 미래 전장은 자율 로봇 간 전투로 치러질 가능성이 크다. 한쪽 로봇이 모두 파괴되면 그것으로 승패가 결정될 수 있다. 이렇게 되면 인간의 피해는 최소화될지도 모른다.

그러나 이와 같은 시나리오는 글자 그대로 이상적인 경우다. 아마도 좀 더 가능성이 높은 시나리오는 한쪽은 자율 로봇 군대가, 다른 한쪽은 피와 살로 이뤄진 군대가 맞붙는 경우다. 자율 로봇은 외상 후 증후군을 겪지 않는다. 자율 로봇이 인간 군대 몰살에 만족하고 민간인에 대한 공격을 자제할까? 그렇지 않을 수 있다고 가정하는 쪽이 반취약한 생각이다.

이제 코소보 전쟁 얘기를 마무리 짓도록 하자. 모두가 예상했던 대로 나토 공군력은 유고슬라비아군을 압도했다. 유고슬라비아군은 전사 1,200명, 부상 5,173명이라는 손실을 봤고, 전차 14대, 장갑차 18대, 포 20문, 그리고 헬리콥터를 포함한 항공기 121대를 잃었다. 경제적 손실은 29.6조 원에 달했다.

미군 손실은 미미했다. 공격헬리콥터 AH-64 아파치Apache 2대가 추락했고, 앞에서 얘기했던 나이트호크 2대와 F-16 1대 외에 입은 피해는 썬더볼트 2대 손상과 해리어 1대 격추가 전부였다. 인적 손실은 전사 2명과 포로 3명에 그쳤다.

유고슬라비아는 코소보가 국제연합에 의해 관리되고 향후 3년간 독립 얘기를 꺼내지 않는다는 조건에 나토가 동의하자 코소보로부터 철군을 결정했다. 전쟁이 개시된 지 3개월이 채 지나지 않은 1999년 6월 10일, 나토는 폭격을 중지했고 다음날인 6월 11일 전쟁이 공식 종료되었다. 유고슬라비아 민간인 사망자는 500명 정도였다. 이 중 코소보 거주민은 60퍼센트 정도였다. 말하자면 나머지 200명가량은 코소보가 아닌 유고슬라비아 본토에서 죽임을 당했다.

코소보 전쟁에서는 의외의 일도 발생했다. 1999년 5월 7일 유고슬라비아 수도인 베오그라드에 위치한 중국대사관이 미군 스텔스 폭격기 B-2의 폭격을 받고 파괴되었다. 중국 대사관 직원 3명이 숨지고 27명이 부상당한 이 사건으로 인해 중국 내에서는 격렬한 반미시위가 벌어졌다. 대사관에 대한 공습은 일종의 선전포고로 간주될 수도 있었다. 당시 미국 대통령 클린턴Bill Clinton은 "비극적인 실수"라며 즉각적으로 사과했다. 미 중앙정보청장 조지 테닛George Tenet 은 있어서는 안 될 일임에도 불구하고 오폭이 발생했다고 미 의회 청문회에서 증언했다.

하지만 오폭이 아니라 의도적인 공격이었다는 증언이 이후 이어졌다. 가령, 영국의 주간지 〈옵저버The Observer〉는 같은 해 10월, 중국대사관이 유고슬라비아군 통신을 중계해준다고 판단한 나토가 고의로 폭격했다고 보도했다. 나토군 공습으로 국방부, 정보부, 경찰본부 등이 모두 파괴되자 세르비아 정보부 요원들을 중국대사관에 숨겨달라고 유고슬라비아 대통령 슬로보단 밀로셰비치Slobodan Milošević가 요청했다는 추정이 뒤따랐다. 중국 내 소수민족의 독립 가능성에 대해 신경질적 반응을 보이는 중국으로서는 유고슬라비아 입장에 심정적으로 공감했을지도 모른다. 중국대사관 지하실에 있던 세르비아 정보부 요원 10여 명도 폭격으로 사망했다는 소문도 돌았다.

결국, 미국이 공식 사과함으로써 중국 체면을 살려주고 중국은 자국 내 반미시위를 중단시키는 식으로 타협이 이뤄졌다. 1999년 말까지 미국은 중국인 희생자 가족 3명과 부상자 27명에게 보상금으로 45억 원을 지불했다. 또한, 파괴된 중국대사관 건물 등 재산상 손해에 대해 280억 원을 추가 지불했다. 중국은 자국 시위대가 주중 미국대사관과 영사관에 끼친 손해에 대한 보상으로 약 29억 원을 미국에 건넸다.

마지막으로, 코소보 전쟁은 우주에 배치된 무기가 본격적으로 활용된 최초의 전쟁이라는 칭호도 얻었다. 왜냐하면, 프레데터 운용에 미국 인공위성이 결정적인 역할을 수행했기 때문이다. 또, 스마트무기 유도를 위해서도 인공위성은 필요하다. 3장에서 설명했던 위성항법장치GPS로 유도되는 JDAM 같은 스마트폭탄이 대표적인 예다. 베오그라드 소재 중국대사관에 떨어졌던 폭탄도 JDAM이었다. 미 중앙정보청은 목표물 좌표를 잘못 입력한 책임을 물어 직원 한 명을 해고하고 지휘계통에 있던 상급자 6명을 징계했다.

코소보 전쟁이 끝난 지 약 10년 후인 2008년 2월 결국 코소보는 일방적으로 독립을 선언했다. 코소보 공화국 지위 문제는 아직도 완전히 해결되지 않았다.

CHAPTER 11
최후의 전장 우주에서 벌어지는
미국과 중국의 대결

● 미국 스텔스 폭격기 B-2에 의한 중국대사관 폭격 사건은 두 가지 의미에서 상징적이었다. 하나는 이제 전 지구에서 미국이 제일 신경 쓰는 상대가 중국이라는 점이고, 다른 하나는 앞으로 전쟁이 비단 육지와 바다, 혹은 공중에서 그치지 않고 우주에서도 벌어질 거라는 점이다. 국제정치에 대한 책을 주로 쓰는 로버트 캐플런Robert S. Kaplan은 "중동 분쟁은 일시적인 문제에 불과하다. 21세기는 미국과 중국 간 군사력 경쟁으로 규정되는 시기다. 중국은 러시아보다 더 무서운 적이다"라며 중국에 대한 미국의 경계심을 대변했다.

중국도 당연히 미국을 의식한다. 일례로, 2011년 1월 11일 미국 국방장관 로버트 게이츠가 중국을 방문해 중국 국가주석 후진타오胡錦濤와 만났다. 그날 중국군은 새로운 스텔스 전투기 젠殲-20(J-20)의 첫 번째 시험비행을 실시했다. 중국 관영 매체들은 이제 중국도 스텔스 전투기를 갖게 되었다며 대서특필했다. 방문한 미국 국방장관에게 중

●●● 1999년 5월 7일 미국 스텔스 폭격기 B-2(사진)에 의한 베오그라드 소재 중국대사관 폭격 사건은 두 가지 의미에서 상징적이었다. 하나는 이제 전 지구에서 미국이 제일 신경 쓰는 상대가 중국이라는 점이고, 다른 하나는 앞으로 전쟁이 비단 육지와 바다, 혹은 공중에서 그치지 않고 우주에서도 벌어질 거라는 점이다.

국군의 역량을 과시하기 위해 일부러 날짜를 맞췄으리라는 짐작은 어렵지 않았다.

그보다는 게이츠가 후진타오에게 젠-20 시험비행에 대한 얘기를 꺼냈을 때 후진타오가 어리둥절한 표정을 지으며 말문이 막혔다는 사실이 흥미롭다. 중국군 지도부는 후진타오에게 미리 시험비행에 대해 알리지 않았다. 후진타오로서는 매우 당황스러운 일이었다. 미국 분석가들은 무력시위가 목표로 한 대상이 게이츠냐 아니면 후진타오냐를 놓고 설전을 벌였다.

중국 군부가 독자행동에 나서기는 이번이 처음이 아니었다. 2007년 1월 중국은 오래된 자국 기상위성을 공격해 파괴하는 실험에 성공했다. 소련과 미국만이 보유하고 있던 대인공위성 타격무기를 보유한 세 번째 나라가 되는 순간이었다. 중국이 개발한 방식은 지상발사

로켓이 인공위성에 직접 충돌하는 방식으로 폭발에너지를 이용해 손상을 입히는 구시대적 방식이 아니었다. 즉, 핵무기와 대량살상무기의 우주 배치와 사용을 금지한 1967년 외계우주조약에 저촉됨 없이 사용할 수 있다는 의미다. 이는 곧 중국군이 필요시 미국 군사위성을 무력화시킬 수 있다는 증명이었다. 후진타오는 이때도 미리 보고받지 못했다.

사실, 군사적 관점으로만 보자면 우주가 개입된 전쟁은 그동안 공상에 가까웠다. 우선 인공위성의 군사적 중요성이 그렇게까지 크지 않았다. 적 위성을 공격하기 위해 값비싼 대형로켓을 발사하거나 혹은 위성간 총격전을 벌이는 방안도 생각하기 어려웠다.

우주에서 지상을 향해 공격하는 것이 테크놀로지상 불가능하지는 않았다. 그러나 그건 경제적 효율성이라는 면에서 최악의 방안이었다. 적진으로 날려보낼 수 있는 폭탄을 일단 우주 공간에 올려놓으려면 어마어마한 돈이 들었다. 설혹 올려놓는 데 성공한다 하더라도 지상의 적에 대해 사용하려면 지구 대기권에서 마찰로 타버리지 않을 방안을 찾아야 했다.

인공위성을 기반으로 운용되는 좌표결정체계가 개발되면서 이 모든 상황이 바뀌게 되었다. 미국은 1978년 최초의 GPS 위성satellite을 발사한 이래로 1990년대 초까지 관련 위성편대를 구축했다. 대륙간 탄도미사일, 순항미사일, 그리고 JDAM 같은 정밀유도폭탄의 유도와 핵무기 감시 등 군사적 목표에 전적으로 종사하는 편대였다. 그랬던 GPS 위성 정보를 민간인이 스마트폰에서 이용하게 되었다는 사실은 기적과도 같다.

●●● 발사 전 테스트 중인 나브스타(Navstar) GPS 위성의 모습. 미국은 1978년 최초의 GPS 위성을 발사한 이래로 1990년대 초까지 관련 위성편대를 구축했다. 대륙간탄도미사일, 순항미사일, 그리고 JDAM 같은 정밀유도폭탄의 유도와 핵무기 감시 등 군사적 목표에 전적으로 종사하는 편대였다. 그랬던 GPS 위성 정보를 지금은 민간인이 스마트폰에서 이용하게 되었다.

세계 각국은 우주를 군비경쟁의 장場으로 만들지 말자고 지속적으로 촉구해왔다. 인류 모두를 위한 평화적인 공간으로 두자는 바람이었다. 기본적으로 우주공간에 대해서는 영공과는 달리 아직 영토 개념조차 성립되지 않는다. 특히, 러시아나 중국은 수년 넘게 계속 우주무기 개발과 배치를 금지하는 조약을 맺자고 제안했다. 미국은 귓등으로 흘려버렸다.

미국이 조약을 거부하는 데에는 이유가 있었다. 일례로, 2006년 8월 아들 부시는 새로 마련한 우주정책을 승인했다. 이에 의하면 "미국은 우주에 대한 권리, 능력, 행동상 자유를 보유하며, 그러한 권리를 저해하거나 혹은 저해할 능력을 개발하려는 다른 나라를 단념시킨다"고 명시적으로 밝혔다. 또한, "미국은 필요하다면 미국 국가적 이익에 적대적인 (다른 나라의) 우주에 대한 사용을 거부한다"고 선언했다. 쉽게 말해 아메리카 대륙에서 인디언들을 쫓아낼 때 하듯이 우주에서 하겠다는 얘기였다.

그와 동시에, 지상에서 발사하는 지향성에너지무기Directed-Energy Weapon, DEW에 대한 실험을 비밀리에 개시했다. 이게 제식화된다면 미사일 방식인 기존 대인공위성 타격무기는 순식간에 고물 취급당할 일이었다. 클린턴이 대통령이던 1997년 10월 미국은 이미 유사한 실험을 수행한 적이 있었다. 당시 미 육군은 미 공군 소속 인공위성을 겨냥해 화학 레이저chemical laser를 발사했다. 실험 결과는 물론 극비로 처리되었지만 명중이 불가능하지 않다는 사실과 10초 정도 레이저 쬐는 시간으로는 파괴가 쉽지 않다는 사실이 알려졌다.

흥미롭게도 2006년 9월 군사주간지 〈디펜스 뉴스Defence News〉는 중국이 미국 스파이 위성에 고출력 레이저를 발사했다고 보도했다. 아들 부시가 새로운 우주정책을 승인한 지 한 달 뒤였다. 같은 해 10월에는 적어도 한 기의 미국 위성이 중국이 운영하는 지상발사 레이저에 의해 명중되었다고 미 국방부가 공개적으로 밝혔다. 외관상 미국의 새로운 정책에 대해 중국이 반발하는 모양새였다. 하지만 중국이 레이저를 발사한 시기에 대한 언급은 없었다. 다시 말해, 미 국방부가 군사팽창적 우주정책을 정당화하려고 벌인 언론 플레이일 수도 있었다. 중국이 발사한 레이저에 의해 자국 인공위성이 교란되거나 파괴되지는 않았다고 미 국방부는 덧붙였다.

사실 미국은 20세기 전반까지만 해도 우주에 대해 별 생각이 없었다. 그러다 소련이 인공위성 스푸트니크Sputnik를 세계 최초로 발사하자 우주가 새로운 영토가 될 수 있다는 사실에 눈을 떴다. 이후 미항공우주청NASA을 설립하고 대대적인 우주 개발에 나섰다는 사실은 잘 알려져 있다. 그러나 우주를 군사화하기 위한 미 군부의 노력 또한 그에 못지 않았다. 이러한 노력의 대표주자는 당연히 미 공군이었다.

미 공군에게 우주는 사실 계륵과도 같은 존재였다. 전통의 미 육군과 해군에게 우주에 대한 관할권을 양보한다는 건 자존심상 허락되지 않았다. 진화론적 관점에서 보자면 '공군'이 '항공 및 우주군'을 거쳐 궁극적으로는 '우주 및 항공군'으로 나아가는 게 자연스러워 보였다.

그러나 미 공군은 한정된 예산을 갖고 결과적으로 공군과 우주군으로 나눠야 하는 상황이 탐탁지 않았다. 표면적으로는 1985년 이른바 미국우주사령부를 꾸리고 공군 대장을 사령관으로 임명했지만 별로 하는 일은 없었다. 어떤 면으로는 1990년대의 미 공군은 1920년대의 미 육군과 비슷했다. 즉, 1920년대의 미 육군이 공중의 군사적 중요성을 애써 무시했듯이 1990년대의 미 공군은 우주의 존재를 의식적으로 거부했다.

이와 같은 미 공군의 태도가 마음에 들지 않았던 미 의회는 1998년 1월 이른바 '탄도미사일위협평가위원회'를 결성하고 도널드 럼스펠드를 위원장으로 앉혔다. 럼스펠드는 2001년 1월, "미국이 '우주 진주만'을 피하고자 한다면, 우주체계에 대한 적 공격 가능성을 심각하게 여겨야 한다"고 주장했다. 하지만 미국이 우주의 군사화를 애초에 추진하지 않았다면 걱정할 이유조차 없을 일이었다. 이런 럼스펠드를 아들 부시는 국방장관으로 임명했다.

럼스펠드 위원회는 공군과 우주군이 꼭 연속선상에 놓여야 한다고

생각하지 않았다. 다시 말해, 우주는 당연히 공군만 누려야 할 성역이 아니었다. 그들이 보기에 미 공군은 본격적인 우주전쟁을 준비하지 않고 항공기 폭탄의 정밀유도만 신경 쓰는 조직이었다. 미 의회는 미 공군이 계속 말로만 떠드는 립 서비스에 머문다면 다섯 번째 군을 창설할 수밖에 없다고 공언했다. 독자적인 영역 확보에 늘 골몰하는 미 해병대는 우주도 자신의 작전지역에 속한다고 선언할 준비가 되어 있었다. 가령, 1990년대 말 미 해병대 사령관이었던 찰스 크룰락Charles C. Krulak은 "2015년에서 2025년 사이에 또 다른 바다에 함대를 진수시킬 기회를 갖게 된다. 그 바다는 우주다"라고 선언했다.

　우주를 군사적으로 활용한다는 생각이 역사적으로도 미 공군만의 전유물은 아니었다. 가령, 제2차 세계대전 후 이런 생각을 최초로 한 곳은 미 육군항공대가 아니라 미 해군이었다. 또 미 육군도 육군항공대와는 별개로 우주에 대한 군사적 비전을 꿈꿨다. 단적인 예가 로켓

V2를 개발한 나치 독일 엔지니어들을 독자적으로 미국으로 데려간 작전 페이퍼 클립Operation Paperclip이었다. 미 육군에게 로켓은 포병의 일종이었다.

사실, 공군의 활동영역인 공중과 우주군의 활동영역인 우주는 물리적 특성이 서로 다르다. 이를 테면 공중에서는 공기의 존재로 인해 활강과 기동이 가능하다. 즉, 항공기는 유체역학적인 특성이 중요하다. 반면, 우주에는 공기가 없기 때문에 날개가 아무런 쓸모가 없다. 말하자면 동역학적인 작용-반작용 외에 의존할 수 있는 다른 수단이 없기에 우주선의 기동은 극히 제한적이다. 미국 공군 참모총장 토머스 화이트Thomas D. White는 공중과 우주는 하나라는 개념을 주장하기 위해 1958년 '에어로스페이스aerospace'라는 새로운 단어를 선보였다. 하지만 미 공군 모두가 화이트의 주장에 동의하지는 않았다. 주류의 생각은 '우주는 개에게나 줘버리고 우린 항공기에만 집중해야 한다'는 쪽이었다.

럼스펠드 위원회는 장기적으로는 다섯 번째 군 조직인 우주군을 직접 창설하거나 혹은 하다못해 미 공군 밑에 독립적인 우주군단을 설립하자고 조언했다. 이를 테면, 공군과 우주군단 사이 관계를 200년 이상 '한 지붕, 두 가족' 살림을 하고 있는 미 해군과 해병대 간 관계처럼 설정하자는 얘기였다. 결과적으로, 당분간은 공군이 우주를 담당하는 기존 체제를 유지하는 쪽으로 매듭지어졌다. 그러나 럼스펠드는 5년이나 10년 내에 가시적 결과가 나오지 않으면 우주를 다른 군에게 준다는 사실도 분명히 했다. 2002년 미국우주사령부는 럼스펠드에 의해 해체되어 기존 미국전략사령부에 흡수되었다.

●●● 우주무기는 크게 세 가지로 나눌 수 있다. 첫째는 우주에 배치되어 지구상 전투에 개입하는 무기다. 지구 주위를 도는 인공위성이 대표적이다. 둘째는 지구상에 배치되어 우주비행체를 공격하는 무기다. 앞에서 언급된 대인공위성 타격무기나 고출력 레이저 등이 여기에 속한다. 셋째는 우주에 배치되어 우주비행체를 공격하는 무기다. 그림은 지상/우주 기반 하이브리드 레이저 무기 개념도다.

실제로, 미국과 중국이 우주에서 맞붙으면 어떻게 될까? 외관상으로는 아직 중국이 미국 상대가 되기에는 부족해 보인다. 이를 좀 더 심도 있게 논의하려면 우선 우주무기가 무엇인지를 정의해야 한다.

우주무기는 크게 세 가지로 나눌 수 있다. 첫째는 우주에 배치되어 지구상 전투에 개입하는 무기다. 지구 주위를 도는 인공위성이 대표적이다. 둘째는 지구상에 배치되어 우주비행체를 공격하는 무기다. 앞에서 언급된 대인공위성 타격무기나 고출력 레이저 등이 여기에 속한다. 셋째는 우주에 배치되어 우주비행체를 공격하는 무기다. 셋 중 가장 비현실적으로 느껴지지만 실제로 존재한다. 일례로, 1970년대

●●● 사진은 소련의 우주정거장 살류트-3 모델. 1970년대에 소련은 자국 우주정거장 살류트-3에 30밀리미터 기관포를 장착한 적이 있었는데, 이것은 우주에 배치되어 우주비행체를 공격하는 무기의 예다.

에 소련은 자국 우주정거장 살류트^{Salyut}-3에 30밀리미터 기관포를 장착한 적이 있었다.

현 시점에서 가장 의미 있는 우주무기는 당연히 첫째 부류다. 위성편대는 크게 영상, 신호정보$^{signal\ intelligence}$(줄여서 SIGINT라고 많이 쓴다), 해양감시, 통신, 항법, 그리고 기상관측의 여섯 가지 임무를 수행한다. 2015년 1월 말 기준, 미국이 운용 중인 모든 위성은 526기고 중국이 운용하는 위성은 132기다. 즉, 수적으로 중국 우주전력은 미국의 약 4분의 1에 불과하다. 양국 군사위성 간 비율도 160기 대 48기로 크게 다르지 않다. 사실, 군사위성과 민간위성을 나누는 경계는 불분명하다. 가령, 미군은 민간위성이 제공하는 서비스도 군사용 통신과 정보/감시/정찰에 활용한다. 뒤처지기는 했지만 중국도 정보/감시/정찰, 항법, 그리고 통신 분야에서 진지하게 전력을 키우고 있다.

〈표 11.1〉 미국과 중국의 위성편대 비교

미, 중	정부	군	상업용	민간	합계
정보/감시/정찰	0, 9	45, 28	0, 0	0, 0	45, 37
항법	0, 0	36, 15	0, 0	0, 0	36, 15
통신	80, 8	42, 4	196, 11	2, 1	320, 24
해양 및 기상관측	25, 28	7, 0	22, 0	1, 1	55, 29
우주과학	15, 8	0, 0	0, 0	3, 2	18, 10
테크놀로지 개발	7, 14	30, 1	10, 1	5, 1	52, 17
합계	127, 67	160, 48	228, 12	11, 5	526, 132

위성편대별 고유한 성격을 파악하려면 위성궤도에 대한 이해가 필수다. 지구 위성궤도는 지표면에서 200킬로미터 상공부터 시작하여 약 3만 6,000킬로미터까지로 정의된다. 이는 다시 여러 구역으로 분류되며, 저궤도는 대기권 바깥부터 5,000킬로미터까지고, 정지궤도는 고도 3만 5,888킬로미터에 있으며, 그 사이에 중궤도가 위치한다. 중궤도는 1만에서 2만 킬로미터 사이를 주로 쓴다. 약 6,400킬로미터인 지구 반지름을 감안하면 저궤도위성과 정지궤도위성 고도가 얼마나 높은지 짐작할 수 있다.

현재 작동 중인 위성 대부분은 저궤도 아니면 정지궤도에 위치해 있다. 좀 더 구체적으로 저궤도와 정지궤도에 각각 45퍼센트씩 배치되어 있으며, 중궤도에 5퍼센트, 나머지 5퍼센트는 타원궤도를 돈다. 군사적 관점에서 일차적 중요성을 갖는 궤도는 저궤도다. 왜냐하면, 정보/감시/정찰과 통신, 그리고 핵미사일에 대한 조기경계위성이 모두 저궤도를 돌기 때문이다. 가령, 미국 레이더영상위성인 라크로스 Lacrosse와 광학영상위성인 키홀Keyhole이 모두 저궤도에 위치한다.

한편, 중궤도도 군사적인 가치를 갖는데, GPS 위성이 중궤도에 자리하기 때문이다. 정지궤도에는 통신위성이 위치하지만 다른 종류도 없지는 않다. 가령, 무게가 거의 3톤에 달하고 안테나 길이만도 200미터가량 되는 극비의 신호정보위성 매그넘Magnum은 정지궤도에 가깝게 위치해 있다.

인공위성의 무게와 운용 궤도는 중요하다. 왜냐하면 무거울수록, 그리고 고도가 높을수록 배치하는 데 돈이 더 들기 때문이다. 미국이나 유럽우주청의 상업적 로켓으로 저궤도까지 가려면 로켓 무게 1킬로그램당 약 1,000만 원을 비용으로 지불해야 한다. 물론, 우크라이나나 중국 로켓을 이용하면 킬로그램당 400만 원 정도로 준다. 통상적인 위성은 무게가 1톤에서 5톤 사이이다. 따라서 1톤짜리 위성을 저궤도에 올려놓으려면 100억 원 정도, 무게가 15톤에 달하는 라크로스나 키홀이라면 1,500억 원 이상의 돈이 든다. 정지궤도까지 위성을 올리는 비용은 저궤도에 비해 2~3배가량 더 든다. 즉, 5톤짜리 위성을 정지궤도에 올리려면 이 또한 1,000억 원 이상이 소요된다.

우주에 배치된 무기로 지구상의 적을 공격하려면 할 수는 있다. 그중 가장 흥미로운 개념이 '신의 지팡이' 혹은 '신의 공'이라는 무기다. 기본 원리는 결코 어렵지 않다. 위성에 일정 질량의 막대나 구를 매달아놓았다가 아래로 낙하시키면 지구 중력 때문에 지표 도달 시 엄청난 충격량을 갖는다는 원리다. 그러나 비용 관점에서 지상발사 탄도미사일에 비해 결코 우위에 있지는 않다. 낙하물 질량이 작으면 지구 대기권에서 타버리기 쉽고, 질량을 키우면 궤도에 올려놓는 데 적지 않은 돈을 써야 하기 때문이다. 다만, 방사선 물질이 나오지 않기에 '깨끗한 파괴'가 가능하다는 장점 아닌 장점이 있다.

미국은 어느 나라보다도 위성에 대한 의존도가 높다. 역으로 이는 미국에게 약점이 될 수도 있다. 위성을 공격하는 방법은 현재로서는 운동에너지 아니면 지향성에너지 둘 중 하나다. 즉, 전자는 직접 충돌해 파괴하고, 후자는 전자적 방식으로 위성에 손상을 입힌다.

우주에 전개하는 데 드는 막대한 비용에 더불어 사실 위성편대는 공격에 취약하다. 한 가지 이유는 위성이 엄청나게 빠른 속도로 돌고 있다는 점이다. 가령, 저고도위성 중 일부는 90분이면 지구를 한 바퀴 돈다. 이를 시속으로 환산하면 초속 8킬로미터에 달한다. 정지궤도위성은 그보다는 천천히 돌지만 이 또한 초속 3킬로미터라는 무시무시한 속도로 돈다.

그렇기 때문에 위성에 조그마한 물체라도 명중시킬 수만 있다면 파괴는 쉽다. 단적인 예로 1983년 미국 우주왕복선 챌린저Space Shuttle Challenger는 지름이 0.2밀리미터에 불과한 페인트조각과 부딪혀 크기 4밀리미터짜리 흠집이 유리창에 났다. 미국은 크기가 10센티미터 이상 되는 우주잔해를 모두 추적하고 있으며, 그 수가 약 1만 7,000개에 달한다. 크기가 그보다 작은 잔해는 최소 수십만 개로 예상되며, 저궤도위성이 여기에 부딪혀 고장 날 확률이 매년 1퍼센트 정도다.

중국이 보유한 대인공위성 공격무기는 지향성에너지보다는 운동에너지 쪽이다. 사실, 2007년 1월에 실시된 위성파괴 시험은 2005년 10월과 2006년 4월에 했던 시험의 연장선상에서 이뤄졌다. 즉, 2007

년 시험이 최초가 아니었다. 다만, 미국이 SC-19라고 명명한 2단 고체로켓이 고도 850킬로미터에 위치한 위성에 명중하면서 생긴 우주잔해가 예외적으로 많았던 탓에 많은 비난을 받았다.

중국은 2010년 1월, 2013년 1월, 2014년 7월에 걸쳐 지상발사 미사일로 적 탄도미사일을 요격하는 시험에 성공했다. 이 시험들은 기본적으로 방어적인 데다가 잔해가 거의 남지 않아 국제적 비판이 별로 없었다. 하지만 테크놀로지 관점에서 대위성요격과 대탄도미사일 요격이 크게 다르지 않음을 감안하면 이제 중국의 대위성요격능력은 신뢰할 만한 수준에 도달했다고 봐도 무방하다. 단적으로, 대탄도탄 요격 시험에 사용된 무기가 위와 동일한 SC-19였다. 또한, 2013년 5월에는 1만 킬로미터가 넘는 고도까지 도달한 새로운 로켓을 시험했다. 이는 중궤도에 배치된 미국 항법위성편대를 공격하는 데 사용될 수 있다.

물론, 미국도 중국 위성을 요격할 수 있다. 운동에너지 무기 중에는 지상발사 로켓 말고도 F-15에서 발사한 공중발사 미사일을 실험한 적이 있으며, 미 해군 또한 위성요격능력을 보유하고 있다. 가령, 2008년 2월 타이콘데로가^{Ticonderoga}급 순양함 레이크 이리^{USS Lake Erie}에서 발사한 3단 고체로켓 SM-3 블록 1A는 고도 247킬로미터에 있던 고장 난 자국 첩보위성을 파괴했다.

현재 미국의 주된 관심사는 지향성에너지무기다. 레이저로 피부를 상하게 하려면 1제곱센티미터당 1줄^{Joule} 정도 에너지면 충분하지만, 스커드 미사일^{Scud missile} 같은 철로 만든 목표를 태워버리려면 1,000줄이 필요하다. 인공위성은 섬세하기 때문에 10줄 정도면 망가뜨릴 수

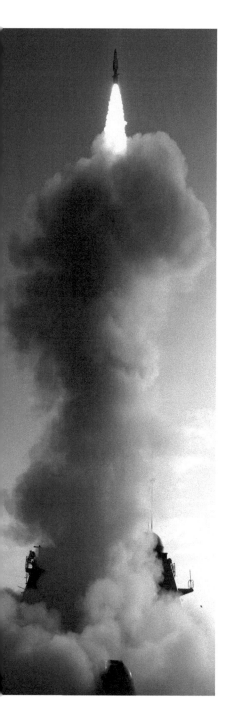

있음이 실험적으로 이미 입증된 상태
다. 다시 말해, 위성은 다른 군사목표
물보다 파괴하기 쉽다.

위성을 고출력 레이저로 아예 파괴
하지 않더라도 위성을 무력화할 방법
은 또 있다. 바로 전파교란이나 저출
력 레이저로 정상적인 작동을 방해하
면 된다. 단적으로, 2003년 미국-이
라크 전쟁 때 이라크군은 GPS 위성
체계 전파방해시스템을 러시아에서
수입해 사용했다. 중국 또한 미국 군
사위성을 상대하는 라디오주파수 교
란장치나 지향성에너지무기를 개발
중이라고 알려져 있다.

주목할 만한 마지막 우주무기는 이
른바 초소형 위성 혹은 마이크로 위
성microsatellite이다. 위성 무게가 10에서
100킬로그램 사이면 초소형 위성으
로 분류하며, 무게가 1에서 10킬로그

●●● 2008년 2월 타이콘데로가급 순양함 레이크
이리에서 발사한 3단 고체로켓 SM-3 블록 1A는 고도
247킬로미터에 있던 고장 난 자국 첩보위성 USA-193
을 파괴했다.

●●● 주목할 만한 마지막 우주무기는 이른바 초소형 위성 혹은 마이크로 위성이다. 위성 무게가 10에서 100킬로그램 사이면 초소형 위성으로 분류한다. 초소형 위성은 무게가 가벼워 위성궤도에 어렵지 않게 올릴 수 있고 다른 나라가 감시하기도 쉽지 않으며, 전파방해나 소규모 레이저를 쏠 수도 있고 적 위성에 접근해 폭발하는 식으로 사용될 수도 있어 위협적이다. 사진은 나사(NASA)의 뉴 밀레니엄 프로그램(New Millennium program)의 일환으로 실시된 스페이스 테크놀로지 5(Space Technology 5) 프로젝트에 사용된 마이크로 위성 3기의 모습이다.

램 사이일 경우 극초소형 위성 혹은 나노 위성, 1킬로그램도 되지 않으면 피코 위성Picosatellite이라고 부른다. 초소형 위성은 일단 무게가 가벼워 위성궤도에 어렵지 않게 올릴 수 있고 다른 나라가 감시하기도 쉽지 않다. 초소형 위성은 전파방해나 소규모 레이저를 쏠 수도 있고 적 위성에 접근해 폭발하는 식으로 사용될 수도 있어 위협적이다.

PART 4
무기의 비용과 이익이
불확실한 경우

CHAPTER 12
미국은 아프가니스탄에서
영국과 소련의 전철을 피할 수 있을까?

● 중앙아시아에 위치한 아프가니스탄^Afghanistan은 인구가 약 3,200만 명으로 생각보다 적지 않다. 면적도 65만 제곱킬로미터 정도로 프랑스보다도 약간 크며 독일과 이탈리아를 합해놓은 크기와 거의 같다. 바다와 면하지 않은 내륙국인 아프가니스탄은 파키스탄, 이란, 투르크메니스탄, 우즈베키스탄, 타지키스탄, 그리고 중국과 국경을 마주하고 있다.

아프가니스탄이라는 국명은 글자 그대로 '아프간^afghan(인) 땅'이라는 뜻이다. 아프간은 10세기 이래로 이 지역에 거주하는 종족을 가리키는 이름이다. 파슈툰^Pashtun이라는 이름도 많이 사용되며 아프간과 같은 의미다. 아프가니스탄의 이슬람화는 7세기 중반에 시작되어 11세기쯤 완성되었다. 이슬람이 포교되기 전에는 인접 세력인 인도에서 들어온 불교와 페르시아에서 넘어온 조로아스터교 신자가 주류였지만 이들은 수백 년에 걸쳐 줄어들어 거의 소멸되었다.

이집트에 맞먹을 정도로 오래된 아프가니스탄은 수많은 토착 제국이 발흥하고 명멸한 역사를 자랑한다. 또한, 실크로드와 연결되는 지리적 특성으로 말미암아 다양한 외부 세력으로부터 공격을 받아왔다. 대표적인 예가 알렉산드로스 대왕Alexandros the Great이 지휘한 마케도니아군과 칭기즈칸Chingiz Khan이 이끈 몽고군의 점령이다. 사실, 알렉산드로스가 이룩한 제국 건설이 대단한 일인 양 얘기되지만 그건 전적으로 서구의 시각이다. 알렉산드로스의 제국은 순식간에 소멸되었고 아프간인들은 거의 즉시 자신들의 땅을 되찾았다. 그에 비해 1219년부터 시작된 몽고의 지배는 16세기 초까지 이어졌다. 아프간인들은 1709년 다시 독립 왕국을 수립했다.

19세기 이래로 아프간인들은 또 다른 역사를 써왔다. 당대 세계 최강대국 세 곳이 차례로 공격하고 점령했기 때문이다. 그 세 나라는 19세기의 영국, 20세기의 소련, 그리고 21세기의 미국이다. 불굴의 전사인 아프간인들은 영국과 소련으로 하여금 눈물을 흘리면서 철수하게 만들었다.

아프가니스탄이 영국의 위협에 최초로 노출된 때는 1830년이었다. 영국은 이미 식민지로 만든 인도에 대한 이권을 지키기 위해 러시아의 남하를 막아야 한다고 봤다. 아프가니스탄은 러시아가 인도로 들어갈 수 있는 길목이었다.

영국 동인도회사에 소속된 6벵갈경기병대 정보장교 아서 코놀리Arthur Conolly는 1840년 '커다란 시합The Great Game'이라는 말로 영국과 러시아 간 대결을 묘사했다. 이후 커다란 시합이라는 말은 영국에서 유행어가 되었다. 이들에게 아프가니스탄은 자신들이 마음대로 할 수

●●● 1839년 3월에 발발한 1차 영국-아프가니스탄 전쟁(왼쪽 그림)은 영국이 러시아의 남하정책을 막기 위해 아프가니스탄에서 국왕 도스트 모함마드를 쫓아내고 친영파의 새로운 왕을 세운 전쟁이다. 영국은 아프가니스탄 토후국을 선점하고, 1차 영국-아프가니스탄 전쟁에서의 패배를 만회하기 위해 1878년에 2차 영국-아프가니스탄 전쟁(오른쪽 그림)을 일으켰다. 이 전쟁에서 아프가니스탄은 패배하여 영국의 식민지로 전락하게 된다. 이후 아프간인들은 영국에 대한 복수를 잊지 않았다.

있는 장기판 졸이자 '커다란 사냥감'에 불과했다. 우즈베키스탄에서 스파이 활동을 벌이다 붙잡힌 코놀리는 1842년 처형되었다.

1차 영국-아프가니스탄 전쟁은 1839년 3월에 발발했다. 러시아는 아프가니스탄을 중립지대로 인정할 뜻이 있었지만, 영국은 아프가니스탄을 직접적인 자국 영향력 아래 두고자 했다. 영국은 식민지 인도군을 동원해 손쉽게 아프가니스탄 수도 카불Kabul을 점령하고는 허수아비 왕을 세웠다. 기존의 왕인 도스트 모함마드Dost Mohammad는 인도에 유폐되었다.

아프간 사람들은 영국군 지배를 받아들일 생각이 추호도 없었다. 1841년 반격을 개시한 이래 아프간 저항군이 전면적인 총공세를 벌이자 카불을 지키던 영국-인도군 4,700명과 수송대 1만 2,000명은 1842년 1월 철수를 결정했다. 이를 아프간군이 3만 명 병력으로 덮

쳤다. 포로로 잡힌 영국군 약 100명과 2,000명 짐꾼 외에는 모두 죽임을 당했다. 아프간군 피해는 전사자 500여 명에 그쳤다. 영국군은 보복 차원에서 1842년 8월 카불을 공격해 재탈환했다. 하지만 아프가니스탄의 점령을 지속할 방법은 없었다. 같은 해 10월, 영국은 전면적인 철수를 결정했고 도스트 모함마드는 풀려나 다시 아프가니스탄 왕이 되었다.

2차 영국-아프가니스탄 전쟁은 1878년에 벌어졌다. 영국-인도군은 병력 5만 명을 세 부대로 나눠 아프가니스탄을 침공했다. 1차 영국-아프가니스탄 전쟁 때처럼 초전에 영국-인도군에게 자국 영토 대부분을 점령당한 아프가니스탄 왕은 1879년 5월 간다마크 조약^{Treaty} $^{of\ Gandamak}$을 맺어야 했다. 내치에 대한 형식적인 권한을 유지하지만 외교권을 통째로 영국에게 이양하는 조건이었다. 일본이 강요했던 1905년의 을사조약과 비슷했다.

아프간인들은 곧 봉기했다. 1879년 9월 3일, 저항군은 카불에 주둔 중인 영국 총독과 수비병력을 몰살시켰다. 영국은 소장 프레더릭 로버츠$^{Frederick\ Roberts}$가 지휘하는 병력 7,500명과 야포 20문으로 구성된 분견대를 파견해 보복에 나섰다. 로버츠의 병력은 10월 6일, 8,000명으로 구성된 아프간군을 물리치고 10월 8일 카불에 재입성했다.

1880년에도 전쟁은 이어져 7월 27일, 마이완드 전투$^{Battle\ of\ Maiwand}$에서 아프간군 2만 5,000명은 약 2,500명의 영국-인도군 1보병여단을 상대로 승리를 거뒀다. 영국-인도군은 전사 969명, 부상 177명으로 부대원 40퍼센트를 잃는 격심한 피해를 입었다. 하지만 3,000명이 전사한 아프간군 피해도 적지 않았다. 이어진 9월 1일 칸다하르

전투Battle of Kandahar에서 영국-인도군 1만 명은 아프간군 1만 3,000명을 물리쳐 결국 전쟁을 종결시켰다. 아프가니스탄이 표면적으로 간다마크 조약을 인정하는 모양새를 취하자, 영국군은 아프가니스탄에서 철수했다.

1893년부터 1896년까지 아프가니스탄 역사에 중요한 선이 하나 생겼다. 이름하여 듀란드선Durand Line이다. 영국 식민지관리였던 모티머 듀란드Mortimer Durand는 당시 영국이 지배하던 인도와 아프가니스탄 간 경계를 새롭게 설정했다. 이 과정에서 파슈툰들이 갑자기 두 쪽으로 갈라지게 되었다. 즉, 적지 않은 파슈툰이 이제 영국 식민지 주민이 되어버렸다. 이야말로 "나눠서 지배하라"는 전형적인 제국주의적 술책이었다. 듀란드선 너머 파슈툰 거주지역은 나중에 인도에서 분리된 파키스탄에 속했다. 아프가니스탄과 파키스탄 사이에 떼려야 뗄 수 없는 미묘한 관계는 이때 잉태되었다.

아프간인들은 영국에 대한 복수를 잊지 않았다. 제1차 세계대전이 끝난 후 채 1년이 안 된 1919년 5월, 5만 명 아프간 정규군과 8만 명 민병대는 듀란드선을 넘어 인도로 공격해 들어갔다. 이른바 3차 영국-아프가니스탄 전쟁의 시작이었다. 파슈툰들이 많이 살고 있는 땅을 되찾는 게 목표였다. 그러나 8개 사단과 5개 여단, 3개 기병여단에 현대적인 항공기, 전차, 포병으로 구성된 영국-인도군을 상대하기가 쉽지 않았다. 결국, 양군 모두 1,000명 정도 사망자가 발생한 후인 같은 해 8월에 종전이 성립되었다. 아프가니스탄은 듀란드선을 제거하는 데에는 실패했지만 영국으로부터 독립을 확인하는 소득을 거뒀다.

영국은 그 뒤로도 아프가니스탄에 대한 야욕을 완전히 거두지 않았다. 특히, 영국군은 3차 영국-아프가니스탄 전쟁으로부터 교훈 하나를 얻었다. 그것은 바로 게릴라전을 주로 벌이는 아프간군에 대한 공군의 중요성이었다. 가령, 1919년 5월 24일, 비행기 한 대로 카불 궁전을 폭격했는데, 피해는 미미했지만 아프간인들은 적지 않은 심리적인 타격을 입었다. 영국은 이후 제2차 세계대전 전까지 중동지역에 개입할 때 공군이 공세를 취하고 육군은 방어에 치중하는 전략을 애용했다.

아프가니스탄은 1919년 이후 대체적으로 평온한 시기를 보냈다. 제2차 세계대전 때 연합국과 추축국 어느 쪽에도 속하지 않고 중립상태를 유지했으며, 제2차 세계대전 종전 후 냉전 때도 중립을 유지했다. 1970년대 말까지 아프간인들에게 자본주의와 공산주의 간 이념적 대립은 강 건너 불에 불과했다.

아프가니스탄이 다시 전화에 휩싸이게 된 계기는 1978년 4월에 발생한 쿠데타였다. 새로 집권한 정권이 급격한 개혁에 나서자 기존 세력과 전통을 중시하는 지역들은 1979년 4월부터 전면적인 반란을 일으켰다. 아프가니스탄 전역은 내전에 돌입했다. 파키스탄이 반군을 지원하자, 아프가니스탄 정부는 소련에 도와달라고 끈질기게 요청했다.

소련은 개입을 주저했지만 아예 모르는 척할 수는 없었다. 1979년 6월 16일, 소수의 전차와 보병전투차로 구성된 군사고문단을 보내고, 7월 7일에는 카불과 인근 바그람Bagram 비행장을 방어할 1개 공수대대를 추가로 파병했다. 수세에 몰려 있던 아프가니스탄 정부에게는 더 많은 소련군 병력이 절실했다. 최소 2개 자동차화소총사단과 1개

공수사단을 보내달라고 요청하던 와중에 1979년 9월 역쿠데타가 발생했다.

급기야 크리스마스 이브인 1979년 12월 24일, 소련 40군이 전격적으로 아프가니스탄에 투입되었다. 소련 특수부대는 9월 쿠데타로 집권한 아프가니스탄 대통령을 암살하고 새로운 친소 정부를 수립했다. 당시 소련 총리였던 알렉세이 코시긴Alexei Kosygin과 외무장관 안드레이 그로미코Andrei Gromyko는 아프가니스탄에 대한 개입에 부정적이었다. 그러나 당 서기장 레오니드 브레즈네프Leonid Brezhnev는 개입을 강행했다. 게릴라에 불과한 아프가니스탄 반군이 최신식 무기로 무장한 소련군의 상대가 될 리는 없을 듯했다.

아프가니스탄에 투입된 소련 40군은 막강했다. 103근위공수사단이 바그람 비행장을 장악했고, 4개 근위자동차화소총사단이 육로로 진주했다. 이외에도 860독립자동차화소총연대와 56독립공수여단도 배치되었다. 소련군 초기 병력은 10만 명 이상에 전차 1,800대와 보병전투차 2,000대로 구성되었다.

처음에 소련군은 직접 전투에 참여할 생각이 없었다. 그보다는 아프가니스탄 정부군을 훈련시키고 화력을 제공하는 역할을 예상했다. 소련군 예상은 빗나갔다. 아프가니스탄 반군은 소련군을 목표로 했다. 이들이 보기에 소련군은 19세기 영국군과 하나도 다를 게 없었다. 아프간 반군은 스스로를 무자히딘Mujahideen이라고 불렀다. 무자히딘은 아랍어로 이슬람의 성전聖戰, 즉 지하드jihād를 수행하는 자를 의미한다. 이는 또 19세기에 영국군을 상대로 게릴라전을 펼쳤던 아프간 전사들을 부르는 말이기도 했다.

당시 국제정세는 복잡하기 짝이 없었다. 1979년 1월, 아프가니스탄 바로 서쪽에 위치한 이란에서 이슬람 혁명이 발생했다. 그 결과, 미 해군 주력전투기 F-14 톰캣^{Tomcat}을 유일하게 제공받을 정도로 미국에 가까웠던 왕 팔레비가 쫓겨났다. 이란과 소련은 결코 가까운 사이가 아니었다. 하지만 '이란에서 마이너스 1점인 데다가, 아프가니스탄에 친소정권이 수립된 걸 합치면 마이너스 2점'이라는 생각에 미국은 심란했다.

소련은 소련대로 마음이 급했다. 이란에서 친미정권 붕괴는 물론 환영할 일이지만 1979년 3월, 미국 대통령 지미 카터^{Jimmy Carter} 주재로 이집트와 이스라엘이 평화조약을 맺은 게 못내 불안했다. 오랜 우방국 이집트의 변절은 소련으로 하여금 지역 내 영향력을 증대해야 한다는 강박관념을 갖게 했다.

파슈툰과 국경 문제로 아프가니스탄과 늘 반목하던 파키스탄은 숙원사업인 핵무기 개발을 용인받을 절호의 기회임을 깨달았다. 파키스탄은 미국에 접근해 친소정부를 전복시키려는 아프간 반군을 지원하자고 설득했다. 미국은 미국대로 무자히딘에 대한 지원은 소련을 '소련판 베트남전' 수렁에 빠뜨릴 수 있는 좋은 기회라고 여겼다. 그 결과, 본격적인 소련군 개입 이전에 이미 무자히딘은 대전차지뢰를 다량 공급받았다. 아프간 반군은 공급받은 대전차지뢰에서 폭약을 떼어 만든 다양한 급조폭발물로 소련군을 괴롭혔다.

소련군은 19세기 영국군처럼 신속하게 아프가니스탄 전역을 확보했다. 그러나 산악이 많은 지리적 특징으로 인해 아프간 반군을 완전히 토벌하기가 쉽지 않았다. 결국 소련군은 대게릴라전을 치러야 했다. 소련군은 아프간 정부군을 앞세워 전투하려 들었다. 아프간 정부군은 소련군이 자신들을 총알받이로 쓰려고 한다고 생각했다. 이들의 사기는 낮을 수밖에 없었다.

대게릴라전을 치르는 소련군 전술은 크게 세 가지였다. 첫째는 청야전술이었다. 즉, 항공기에 의한 공습과 전차에 의한 공격 등으로 반군지역 내 마을을 철저히 파괴했다. 그곳에 살던 주민들이 떠나면 반군 활동이 약해질 거라고 봤다. 둘째는 스파이 활용이었다. 아프가니스탄 각 부족에 첩자를 침투시켜 자기들끼리 반목하고 공격하도록 만들려고 했다. 셋째는 고

●●● 소련-아프가니스탄 전쟁에서 대게릴라전을 치르는 소련군 전술은 크게 세 가지였다. 첫째는 청야전술이었다. 즉, 반군 활동을 약화시키기 위해 항공기에 의한 공습과 전차에 의한 공격 등으로 반군지역 내 마을을 철저히 파괴했다. 둘째는 스파이 활용이었다. 아프가니스탄 각 부족에 첩자를 침투시켜 자기들끼리 반목하고 공격하도록 만들려고 했다. 셋째는 반군이 숨었을 만한 지역을 적극적으로 수색하여 섬멸하는 고전적인 토벌작전이었다. 특히 기관포와 로켓으로 중무장한 소련 공격헬리콥터 Mi-24 하인드가 효과적이어서 반군은 하인드를 '사탄의 전투마차'라며 두려워했다.

전적인 토벌작전이었다. 반군이 숨었을 만한 지역을 적극적으로 수색하여 섬멸하려는 의도였다. 특히, 소련 공격헬리콥터 Mi-24 하인드Hind가 효과적이었다. 구경 23밀리미터에서 30밀리미터에 이르는 기관포와 로켓으로 중무장한 데다 기관총탄을 문제 없이 튕겨내는 하인

●●● 아프가니스탄 내 소련군을 가장 괴롭힌 무기는 역설적이게도 소련이 개발한 휴대용 대전차 로켓 RPG-7이었다. 아프간 반군의 일차 목표는 소련군 전차와 보병전투차였다. 소련군이 RPG 발사 시 후방폭풍을 감지하여 반격하는 전술을 개발하자, 아프간 반군은 미리 지면에 물을 뿌려 먼지를 줄이는 대응책을 내놨다. 무엇보다도 RPG를 여러 발 동시에 발사하는 반군 전술에 소련군은 속수무책이었다. 또 지연신관을 장착한 RPG는 1킬로미터 정도 비행하면 자동으로 터져 명중되지 않더라도 헬리콥터에 피해를 줄 수 있었다.

드는 반군에게 '사탄의 전투마차'라는 별명을 얻었다.

아프가니스탄 내 소련군을 가장 괴롭힌 무기는 역설적이게도 소련이 개발한 휴대용 대전차로켓 RPG-7이었다. 무자히딘이 RPG-7을 얻는 경로는 다양했다. 우선 아프간 정부군과 소련군에게 노획한 물량이 있었다. 미국은 이스라엘이 중동전쟁 때 획득한 소련제 무기를 일괄 구입해 파키스탄을 통해 제공했다. 이집트도 보유 중인 구식 소련제 무기를 처분했다. 중국이 생산한 RPG-7도 흔했다.

무자히딘은 RPG를 창의적으로 구사했다. 일차 목표는 소련군 전차와 보병전투차였다. 물론 이들은 RPG와 같은 성형작약탄을 막는 반응장갑을 둘렀다. 하지만 관통을 면할지라도 RPG와 반응장갑이 일으키는 폭발로 인해 주변 보병이 피해를 입었다. 소련군은 RPG 발사 시 후방폭풍을 감지하여 반격하는 전술을 개발했다. 그러자 아프간 반군은 미리 지면에 물을 뿌려 먼지를 줄이는 대응책을 내놨다. 무엇보다도 RPG를 여러 발 동시에 발사하는 반군 전술에 소련군은 속수무책이었다.

RPG는 의외로 소련군 헬리콥터에 대해서도 효과적이었다. 지연신관을 장착한 RPG는 1킬로미터 정도 비행하면 자동으로 터져 명중되지 않더라도 헬리콥터에 피해를 줄 수 있었다. 또, 후폭풍을 줄이기 위해 발사관 뒤쪽에 구부러진 파이프를 덧대는 개조도 아끼지 않았다.

화력 열세에도 불구하고 끈질기게 소련군을 괴롭히는 아프간 반군에게 미국 일부 세력은 '자유의 투사'라는 별명을 붙였다. 이런 면으로 가장 상징적인 인물은 텍사스 미 연방하원의원 찰리 윌슨Charlie Wilson이었다. 미 해군사관학교 역사상 벌점을 두 번째로 많이 받은 기록에다가 졸업할 때 밑에서 8등이었던 윌슨은 잠시 구축함 포술장교로 근무하다가 정계에 입문했다. 알코올 중독자인 그는 선과 악만 존재하는 단순한 세계관을 가졌다. 예산을 결정하는 하원책정위원회 위원이 된 후 아프간 반군에게 무기를 대주는 미 중앙정보청 비밀예산 규모를 듣자마자 했다는 "2배로 올려!"라는 말로도 유명하다.

윌슨의 도움으로 아프간 반군에게 제공된 무기 중에는 최신식 휴대용 지대공미사일 스팅어Stinger가 있었다. 이전까지 미국은 구식인 레드아이Redeye를, 영국도 성능불량으로 군수창고에 처박아뒀던 자국산 블로우파이프Blowpipe를 보냈지만 도대체 안 맞는 걸로 악명이 높았다. 1986년 9월부터 총 2,000여 발이 아프간 반군에게 흘러 들어간 스팅어는 명중률이 확실히 레드아이나 블로우파이프보다는 나았다. 일부 서방 분석가들은 스팅어 때문에 전쟁 판도가 바뀌었다며 '스팅어 효

●●● 윌슨의 도움으로 아프간 반군에게 제공된 무기 중에는 최신식 휴대용 지대공미사일 스팅어가 있었다. 1986년 9월부터 총 2,000여 발이 아프간 반군에게 흘러 들어간 스팅어는 명중률이 확실히 레드아이나 블로우파이프보다는 나았다. 일부 서방 분석가들은 스팅어 때문에 전쟁 판도가 바뀌었다며 '스팅어 효과'라는 말까지 만들어냈다.

과'라는 말까지 만들어냈다. 초반 손실 이후 소련군도 이내 대응전술을 마련해 피해를 줄였다.

그러나 소련이 의미 없는 수렁에 빠졌다는 사실은 부인할 길이 없었다. 소련군 인명 피해가 계속되고 전쟁이 끝날 기미가 보이지 않자 소련 내 여론이 나빠졌다. 1985년 3월 새로 소련 서기장으로 취임한 미하일 고르바초프Mikhail Gorbachev는 개방, 정보공개, 언론자유를 의미하는 글라스노스트Glasnost를 내세웠다. 이때 이미 고르바초프는 철군을 결심했다. 1988년 5월에 철수를 시작한 소련군은 1989년 2월 철군을 완료했다. 그 후 1년도 안 되어 1989년 11월 거짓말처럼 베를린 장벽이 무너졌다. 공산주의 블록 해체의 가장 큰 공신은 미국의 전략방위구상이 아니라 아프가니스탄을 침공한 소련의 자충수였다.

거의 10년 가까이 벌어진 소련-아프가니스탄 전쟁에서 소련군은 전사 1만 4,453명, 부상 5만 3,753명이라는 피해를 입었다. 물적 손실도 적지 않았는데, 고정익 항공기 128대, 헬리콥터 333대, 전차 147대, 장갑차 1,314대, 포와 박격포 433문을 잃었다. 소련-아프가니스탄 전쟁에 종군한 소련인은 62만 명에 달했다. 아프가니스탄 정규군도 전사 1만 8,000명을 기록했다. 반면, 무자히딘 전사자는 8만 3,000명에 이르렀고, 민간인 사망자 수도 100만 명 이상으로 추정되었다. 미국 무기가 도움이 되기는 했지만 어쨌거나 자신들 땅에 쳐들어온 소련군을 몰아낸 주역은 아프간인들이었다.

무자히딘에 대한 미국의 적극 지원은 사실 아이러니한 일이었다. 다시 말해 미국이 꼭 이슬람의 적일 필요는 없다는 얘기다. 미국은 이란-이라크 전쟁 때 이슬람인 사담 후세인을 지원했고, 이슬람국가인 파키스탄을 이용했으며, 이슬람국가인 사우디아라비아에게 지원을 아끼지 않았고, 이슬람인 아프간 무자히딘에게 돈과 무기를 대줬다.

소련군이 물러나자 아프가니스탄은 곧바로 내전에 휩싸였다. 가장 큰 세력은 탈리반^Taliban이었다. 아프간어 혹은 파슈툰어로 탈리브^talib는 학생을 의미하며 탈리반은 '학생들'이라는 뜻이다. 탈리반은 대부분 파슈툰이었다. 파키스탄은 병력 수천 명을 보내 탈리반을 지원했다.

한편, 아프가니스탄 북동쪽에 위치한 아흐마드 샤 마수드^Ahmad Shah Massoud의 세력은 탈리반과 치열하게 다퉜다. 마수드는 "판지쉬르^Panjshir의 사자"라는 별명을 가질 정도로 소련-아프가니스탄 전쟁 때 이름을 날린 무자히딘 영웅이었다. 또 하나의 주요 세력은 북쪽에 위치한 압둘 라시드 도스툼Abdul Rashid Dostum 휘하 병력이었다. 소련-아프가니스탄 전쟁 때 아프가니스탄 정부군이었던 도스툼은 우즈벡계 아프간인을 대표하는 군벌이었다. 1996년 이래로 아프가니스탄 영토 대부분은 탈리반이 지배했다. 2001년까지 약 40만 명의 아프간인이 내전으로 사망했다.

2001년 9월 9일, 마수드가 자살폭탄 공격을 받고 죽었다. 벨기에 여권을 지닌 언론인 2명이 마수드를 인터뷰하던 도중 카메라에 숨긴 폭탄을 터뜨렸다. 이들은 나중에 튀니지인으로 밝혀졌다. 그리고 이틀 후 9·11 사건이 벌어졌다. 미국은 사건 배후로 사우디아라비아 부호 오사마 빈 라덴Osama bin Laden을 지목했다. 빈 라덴은 소련-아프가니스탄 전쟁 때 파키스탄에서 무자히딘에게 무기와 돈을 제공했을 뿐만 아니라 직접 전투에 참가하기도 했다.

아들 부시는 탈리반에게 빈 라덴을 내놓으라고 요구했다. 탈리반은 구체적인 증거를 제시하면 아프가니스탄 법정에 세우겠다고 대답했다. 미국은 곧바로 10월 7일 '항구적 자유 작전Operation Enduring Freedom'을 개시했다. 다시 말해, 미국은 아프가니스탄을 침공했다. 작전 목표는 탈리반 정부 전복이었다. 최신식 전폭기와 각종 특수부대를 앞세운 미군은 11월 12일 카불을 점령하고 12월에 탈리반을 배제한 과도 정부를 세웠다. 탈리반 아프간인들은 또다시 반군 활동을 시작했다. 이제 무자히딘의 적은 바로 미국이었다.

미국-아프가니스탄 전쟁의 전투 양상은 2차 미국-이라크 전쟁과 또 달랐다. 이라크는 대체로 평원인 반면, 아프가니스탄은 산악과 구

●●● 미국-아프가니스탄 전쟁의 전투 양상은 2차 미국-이라크 전쟁과 또 달랐다. 이라크는 대체로 평원인 반면, 아프가니스탄은 산악과 구릉으로 이뤄졌다. 미군이 이라크에서 구사하던 전술은 아프가니스탄에서는 거의 무용지물이었다. 포장도로가 거의 없어 장갑차량은 고속주행이 불가능했고, 통신이 자주 끊겨 부대 간 연계도 쉽지 않았다. 아프간 반군은 제1차 세계대전 때 쓰던 구식 볼트액션 소총을 쓰기도 했다. 게다가 급조폭발물은 언제나 골칫거리였고, 아프간 반군이 사용하는 중기관총이나 무반동총 B-10도 대응하기가 쉽지 않았다.

릉으로 이뤄졌다. 미군이 이라크에서 구사하던 전술은 아프가니스탄에서는 거의 무용지물이었다. 포장도로가 거의 없어 장갑차량은 고속주행이 불가능했고, 통신이 자주 끊겨 부대 간 연계도 쉽지 않았다. 아프간 반군은 제1차 세계대전 때 쓰던 구식 볼트액션 소총을 쓰기도 했다. 미군 제식소총 M4 사정거리 바깥에서 공격하기 위해서였다. 이러한 세심한 전술로 영국군과 소련군을 몰아냈던 경험이 아프간 반군에게는 있었다.

대게릴라전을 수행해야 하는 미군은 이외에도 여러 어려움을 느꼈다. 급조폭발물은 언제나 골칫거리였다. 아프가니스탄에서 미군 전사자 66퍼센트 이상이 급조폭발물 때문에 발생했다. 또 아프간 반군이 사용하는 중기관총이나 무반동총 B-10도 대응하기 쉽지 않았다. 미군이 보유한 휴대용 로켓 보포르스 AT4나 유탄발사기 M203은 위력은 충분했지만 사정거리가 아프간 반군 무기에 미치지 못했다. 또, 사정거리가 되는 미군 중기관총은 위력이 충분치 않았다. 마지막으로, M120 같은 중박격포는 위력도 넘쳐나고 거리도 충분했지만 정확도가 받쳐주질 않았다. 미군은 골머리를 앓았다.

CHAPTER 13
불확실성에 기인하는 가치를 감안하는 실물옵션이론

● 5장과 9장에서 무기의 경제성 분석에 사용되는 두 가지 이론을 살펴봤다. 이번 장에서는 세 번째 이론인 실물옵션이론을 살펴보려 한다.

실물옵션이론에 대해 설명하기에 앞서 영감을 얻을 수 있는 다음과 같은 상황을 검토해보자. 새로운 무기를 개발하려는 데 반드시 성공한다는 보장은 없다. 개발에 드는 돈은 2,000억 원이다. 2,000억 원의 개발비는 일단 쓰기로 결정하고 나면 되찾을 수 없다. 개발이 종료되면 이제 4,000억 원을 들여 무기를 생산해야 한다. 그렇게 생산한 무기가 팔릴지 아닐지 또한 불확실하다. 생산된 무기가 목표한 성능을 보일지, 혹은 신뢰성에 문제는 없을지 미리 알 방법이 없기 때문이다.

쓸 만하다고 판명되면 무기를 팔아 1조 원 매출을 얻을 수 있다. 반면, 성능이나 신뢰성이 기대에 못 미치면 아예 판매를 못한다. 즉, 무기가 잘 팔리면 매출 1조 원에서 생산비용 4,000억 원을 뺀 6,000억

원을 이익으로 얻는다. 반면, 무기가 안 팔리면 매출이 0이니 결과적
으로 생산비용 4,000억 원이 고스란히 손실이다. 두 가지 시나리오의
기대확률은 각각 50퍼센트라고 하자. 이를 그림으로 나타내면 〈그림
13.1〉을 얻는다.

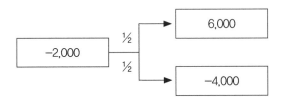

〈그림 13.1〉 성공 여부가 확실하지 않은 무기 개발 시나리오

위 무기를 개발해야 할지 말아야 할지에 대한 답을 구하기는 결코
어렵지 않다. 5장에 나왔던 비용-이득 분석을 수행하면 되기 때문이
다. 우선 무기 개발에 들어가는 비용은 2,000억 원이다. 반면, 무기 개
발로 인해 얻게 될 이득은 두 가지 시나리오에 대한 수학적 기대값
으로 대치할 수 있다. 6,000억 원 곱하기 50퍼센트 더하기 마이너스
4,000억 원 곱하기 50퍼센트 하면 1,000억 원이 나온다. 즉, 비용은
2,000억 원인 반면, 이득은 1,000억 원에 그친다. 합하면 1,000억 원
손실이다. 따라서 무기를 개발하지 말아야 한다.

그런데 〈그림 13.1〉과 비슷하지만 조금 다른 다음과 같은 상황을
생각해보자. 무기 개발을 할 때 한꺼번에 2,000억 원을 들이지 말고
두 단계로 나눠서 한다고 하자. 일차적으로 선행개발비 1,000억 원으
로 개발 가능성을 타진한다. 성공 가능성이 높다고 판명되면 이제 나
머지 개발비 1,000억 원과 생산비 4,000억 원을 들여 무기를 생산한

다. 예상대로 무기가 팔리면 아까와 마찬가지로 1조 원 매출이 발생한다. 처음에 쓴 1,000억 원을 제외하면 5,000억 원을 들여 1조 원을 벌었으니 이익은 5,000억 원이다. 이렇게 될 확률이 위와 마찬가지로 50퍼센트라고 하자.

한편, 선행개발을 해본 결과 성공할 가망이 높지 않다는 판단을 했다고 하자. 이렇게 될 확률 또한 50퍼센트다. 이 시점에서 잔여 개발비 1,000억 원을 들여 결국 성공하면 여전히 매출 1조 원과 생산비용 4,000억 원 발생은 앞과 똑같다. 다만, 남은 1,000억 원을 투입하고도 실패하면 이제 손실은 생산비용 4,000억 원에 그치지 않고 9,000억 원에 이른다고 하자. 또한, 선행개발 후 성공 가망성이 높지 않은 상태에서 결국 개발에 성공할 확률은 이제 3분의 1로 줄었다고 하자. 모든 사항을 그림으로 표현하면 〈그림 13.2〉와 같다.

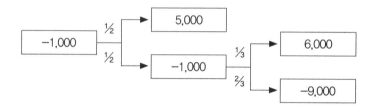

〈그림 13.2〉 2단계로 나눈 무기 개발 시나리오

〈그림 13.2〉의 오른쪽을 주의 깊게 살펴보자. 3분의 1 확률로 이익 6,000억 원을 얻고 3분의 2 확률로 9,000억 원 손실을 입는다. 이의 기대값은 2,000억 원 빼기 6,000억 원이므로 마이너스 4,000억 원이다. 〈그림 13.2〉의 왼쪽 끝에서 아래쪽 시나리오를 따라가면 결국 마이너스 2,000억 원을 써서 4,000억 원 손실을 입을 걸로 예상한 거

나 다름없다. 이는 〈그림 13.1〉의 아래쪽 시나리오와 다르지 않은 숫자다. 두 경우 확률 또한 50퍼센트로 같다. 즉, 〈그림 13.2〉와 〈그림 13.1〉은 기대값 관점에서 동등하다.

그렇지만 한 가지 결정적인 차이가 있다. 개발을 두 단계로 나눠서 하면 선행개발 결과를 보고 계속 개발을 진행할지 말지를 결정하는 게 가능하다. 선행개발 결과 〈그림 13.2〉의 위쪽 가지에 도달하면 계속 개발을 진행한다. 왜냐하면 그 시점에서 기대이익은 0보다 크기 때문이다.

반면, 아래쪽 가지에 도달하면 남은 개발비 1,000억 원을 들이는 것이 경제적으로 수지가 맞는 일인지를 고민해야 한다. 개발을 계속하는 데 드는 비용은 1,000억 원이다. 반면 이익의 기대값은 방금 전에 계산했던 것처럼 마이너스 4,000억 원이다. 즉, 개발을 계속한다는 결정은 5,000억 원 손실을 가져오는 것과 같다. 물론 3분의 1 확률로 이익을 볼 가능성은 여전히 남아 있다. 그러나 개발을 지속하는 결정은 평균적으로 돈을 까먹는 일이다. 따라서 개발을 중단하는 것이 경제성 원리에 합당하다.

그렇다면 이 정보를 갖고 다시 애초의 결정으로 돌아가보자. 〈그림 13.2〉의 맨 왼쪽에서 1,000억 원 비용이 발생한다는 사실은 똑같다. 각각 50퍼센트 확률로 위쪽 가지나 아래쪽 가지로 가게 됨도 마찬가지다. 위쪽 가지로 판명되면 5,000억 원 이익을 기대할 수 있다. 아래쪽 가지로 판명되면 어떨까? 〈그림 13.1〉에서는 속절없이 손실을 봤다. 그러나 이제는 그러지 않아도 된다. 그 시점에서 1,000억 원을 더 들여봐야 돈만 더 잃을 뿐임을 알기 때문이다. 따라서 아래쪽 가지로 판명되면 개발을 중단한다. 즉, 이제 이 시나리오는 추가적 손익이 0이다.

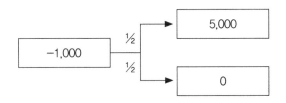

〈그림 13.3〉 두 번째 단계의 결정을 감안한 무기 개발 시나리오

결과적으로 〈그림 13.2〉는 〈그림 13.3〉으로 바뀌었다. 처음에 드는 비용은 1,000억 원이다. 반면 기대이익은 2,500억 원이다. 둘을 합치면 1,500억 원 이익이다. 즉, 무기의 경제성이 입증되었으므로 개발해도 된다.

어떻게 위와 같은 일이 가능할까? 비밀은 바로 1차, 2차로 나눈 단계적 개발에 있다. 통 크게 2,000억 원을 한 번에 쓰면 나쁜 결과를 고스란히 떠안는다. 하지만 1,000억 원씩 나눠 쓰면 좋은 결과는 유지하면서 나쁜 결과를 덜어낼 수 있다. 그 결과 평균적 기대이익이 음에서 양으로 변한다.

이러한 과정은 실제로 우리에게 어색하지 않은 일이다. 물건을 살 때 처음부터 무턱대고 다량을 구입하는 일은 드물다. 우선 조금 써보고 좋으면 많이 사고 좋지 않으면 그걸로 중단한다. 회사가 직원을 뽑을 때도 마찬가지다. 서류심사나 면접 결과만으로 직원을 채용하면 위험부담이 크다. 그래서 3개월 수습기간을 두거나 혹은 인턴 과정을 거치게 해서 시간을 두고 결정한다.

앞에서 언급한 모든 경우를 요약하는 한 단어는 바로 '옵션'이다.

옵션이란 어떤 일을 할지 말지를 결정할 수 있는 권리를 말한다. 〈그림 13.2〉의 중간 단계에서 선행개발 결과가 좋으면 남은 1,000억 원을 마저 투입하고 좋지 않으면 추가 지출을 중단하는 것이 옵션의 한 예다. 옵션이 없었다면 선행개발 결과와 무관하게 남은 1,000억 원을 썼어야 한다. 하지만 옵션, 즉 의사결정 권리를 갖고 있기에 무기 개발자는 불필요한 돈 낭비를 막을 수 있다. 이는 곧 무기 개발 프로젝트의 경제성을 높이는 한 방안이기도 하다.

옵션을 가졌다고 해서 항상 성공할 수 있지는 않다. 〈그림 13.2〉로 돌아가보자. 옵션의 존재로 인해 기대이익은 1,500억 원이다. 그렇지만 여전히 50퍼센트 확률로 이익이 나지 않는 시나리오가 발생할 수 있다. 아래쪽 시나리오가 발생하면 결과적으로 1,000억 원 손실을 본다. 처음에 들인 돈을 되찾을 방법은 없다.

이런 일이 벌어졌다고 무기 개발자를 비난하는 일은 지나친 처사다. 무기 개발자가 옵션을 가졌다고 하더라도 무기개발에 내재되어 있는 불확실성이 완전히 제거되지는 않기 때문이다. 동전을 던져 뒷면이 나오면 약간의 손실은 불가피하다. 다만, 옵션이 있으면 손실 크기를 줄일 수 있다.

앞의 예에서 옵션을 갖는 경우 무기 개발의 경제성이 손실에서 이익으로 바뀌었다. 다시 말해 옵션이 양의 경제적 이득 혹은 가치를 갖고 있다는 얘기다. 그렇기에 옵션의 보유는 언제나 좋은 일이다. 더 유리하냐, 덜 유리하냐의 차이만 있을 뿐 옵션 보유가 불리한 경우는 절대로 없다.

그렇다면 옵션의 가치는 어디에서 생기는 걸까? 가치의 원천은 두 가지다. 하나는 의사결정을 유연하게 할 수 있는 능력이다. 다른 하나는 미래의 불확실성이다. 의사결정의 유연성과 미래의 불확실성이 결합되면 옵션이 양의 가치를 갖는다. 아래에서 두 가지 원천에 대해 좀 더 자세히 살펴보도록 하자.

의사결정을 유연하게 할 수 있으면 가치가 생겨남은 이미 앞에서 본 대로다. 〈그림 13.1〉의 상황에는 처음에 무기 개발을 할 거냐 말 거냐 의사결정만 존재할 뿐이다. 즉, 여기에는 의사결정의 유연성이 없다. 반면, 〈그림 13.2〉의 상황에는 개발을 계속할 거냐 말 거냐 결정을 중간에 내릴 수 있다. 그런 능력 때문에 추가적인 가치가 생긴다.

〈그림 13.2〉에서 옵션 가치는 그럼 얼마일까? 계산하기 결코 어렵지 않다. 옵션이 없는 〈그림 13.1〉의 전체 기대손익은 1,000억 원 손실이다. 반면, 옵션이 있는 〈그림 13.2〉의 전체 기대손익은 1,500억 원 이익이다. 따라서 옵션 가치는 둘의 차이인 2,500억 원이라고 할 수 있다.

만약, 의사결정 단계를 조금 더 세분화하면 어떻게 될까? 다시 말해 선행개발로 한 번에 1,000억 원을 쓸 게 아니라 개념탐색으로 우선 200억 원을 쓰고 선행개발에 800억 원을 쓴다고 가정해보자. 이 경우, 실제로 무기 개발 기대손익은 더 나아진다. 의사결정의 유연성이 좀 더 확보되기 때문이다.

이번에는 미래의 불확실성에 대해 살펴보자. 앞에서도 얘기했던 것처럼 〈그림 13.1〉에도 불확실성은 존재한다. 2,000억 원의 돈을 들였을 때 쓸 만한 무기가 개발될지 아닐지 미리 알 수는 없다. 어떤 결과가 나올지 확신할 수는 없지만 적어도 발생 가능한 시나리오와 각각의 시나리오에 대한 주관적 확률을 구했다고 하자. 앞의 그림들에서 나온 상황은 모두 그런 경우다. 이때, 변동성이라는 말을 쓰기도 한다. 즉, 변동성은 숫자로 표현이 가능한 불확실성으로서 불확실성의 부분 집합이다.

변동성이 변하면 옵션 가치는 어떻게 될까? 예를 들어, 〈그림 13.1〉 보다 변동성이 더 큰 경우를 가정해보자. 총 개발비용 2,000억 원은 동일하되 각각 50퍼센트 확률로 8,000억 원 이익을 거두거나 6,000억 원 손실을 보는 상황이다. 즉, 이익과 손실 규모가 각각 2,000억 원씩 커졌다. 전체 기대손익은 〈그림 13.1〉의 1,000억 원 손실에서 달라지지 않았다. 즉, 비용과 기대이익은 같지만 개별적인 시나리오의 진폭이 더 크다. 이와 같은 상황을 그림으로 나타낸 결과가 〈그림 13.4〉다.

〈그림 13.4〉에도 〈그림 13.2〉와 같은 옵션이 있다고 해보자. 즉, 개발비를 1,000억 원씩 두 단계로 나눠 집행하고 선행개발 결과가 나쁘면 중단한다고 하자. 선행개발 결과가 좋으면 2,000억 원 써서 8,000억 원의 이익을 얻는다. 반면, 결과가 나쁘면 1,000억 원 비용 지출이 전부다. 각각의 경우에 50퍼센트 확률을 곱하고 서로 더하면 3,000억 원 빼기 500억 원, 즉 2,500억 원 이익을 기대할 수 있다.

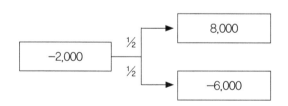

〈그림 13.4〉 변동성이 큰 무기 개발 시나리오

〈그림 13.4〉에 옵션이 있는 경우에 해당하는 기대이익 2,500억 원은 아까의 1,500억 원보다 1,000억 원만큼 더 크다. 다시 말해, 다른 조건이 동일할 때 변동성이 커지면 옵션 가치도 따라 올라간다. 이유는 간단하다. 변동성이 클수록 잘 되면 더 크게 좋아지고 망해도 더 크게 망한다. 그런데 옵션이 있으면 더 크게 좋아질 가능성에서는 혜택을 보고 더 크게 망할 가능성은 차단된다. 당연히 가치는 높아진다.

의사결정의 유연성과 미래의 불확실성 중 한 가지가 없으면 옵션은 어떻게 될까? 그 경우, 옵션은 무용지물이다. 즉, 옵션은 둘 다 존재할 때만 가치를 갖는다. 왜 그런지를 살펴보기는 쉽다. 아무리 변동성이 커도 의사결정을 유연하게 할 권리가 없다면 무기 개발 기대이익은 그대로다. 다시 말해, 변동성만으로 옵션 가치가 생기지는 않는다. 다른 한편으로 아무리 의사결정을 할 수 있는 권리를 갖고 있어도 모든 조건이 결정되어 있으면 옵션을 행사할 여지가 없다. 즉, 변동성이 0이면 옵션 가치도 어쩔 수 없이 0이다.

옵션이 가치를 가짐을 이해했다면 이제 남은 중요한 질문은 구체적으로 그 가치를 어떻게 구할 수 있느냐다. 이 문제를 본격적으로 다루려면 확률미적분이라는 수학기법과 옵션가격결정이론을 설명해야 한다. 이는 이 책이 목표하는 범위를 벗어나는 주제다. 가치를 구하려고 할 때 쓸 수 있는 방법이 없지 않다는 사실을 이해하는 선에서 멈추도록 하자.

마지막으로, 옵션은 알겠는데 왜 실물옵션이냐는 질문에 답하면서 이 장을 마치도록 하자. 옵션이론은 원래 금융옵션을 대상으로 개발되었다. 금융옵션은 파생거래의 일종으로서 금융시장에서 직접 거래되기 때문에 가격을 관찰할 수 있다. 객관적인 관찰이 가능한 거래가격으로부터 역으로 옵션 가치를 추정하는 방향으로 옵션이론은 발달해왔다.

이번 장에서 다룬 무기 개발 같은 실물 프로젝트의 경우, 프로젝트 자체의 가격을 시장에서 관찰할 방법은 없기 때문에 사실 금융옵션이론을 직접 적용하는 데 다소 무리가 있다. 하지만 유연한 의사결정의 권리와 불확실한 미래라는 특징을 가진다는 면에서 금융옵션과 공통적이다. 즉, 실물옵션은 금융옵션은 아니지만 금융옵션과 근본정신이 다르지 않다.

무기 개발에 실물옵션이론을 적용할 잠재력은 충분하다. 다만, 한 가지 걸림돌이 있다. 그건 실물옵션이론을 적용하기 위해서는 효과가 금전적인 이득으로 표현되어야 한다는 점이다. 옵션이론은 결국 돈에 대한 이론이기 때문에 모든 것이 돈으로 표현될 수 있어야 한다. 앞에서도 얘기했지만 무기 성능을 돈으로 나타낼 수 있는 경우보다는 없는 경우가 더 많다.

정리하자면, 비용-이득 분석이 가능한 경우라면 실물옵션이론을 적용할 수 있다. 하지만 비용-효과 분석밖에 안 되는 경우라면 실물옵션이론을 적용하기는 어렵다. 그렇더라도 한 번에 큰돈 들이지 말고 단계적으로 무기 개발 성공 가능성을 타진한다든지 혹은 미래의 불확실성을 감안해야 한다든지 하는 실물옵션이론의 기본정신은 늘 새겨둘 만하다.

CHAPTER 14
레이저, 광학, 적외선 유도방식 중 재블린에게 최선은?

● 먼 거리에서 공격해오는 아프간 반군에 골머리를 썩던 미군은 의외의 해결책을 찾아냈다. 1996년에 미 육군과 해병대에 도입된 2인용 대전차미사일 FGM-148 재블린Javelin이었다. 영어로 투창, 즉 던지는 창을 의미하는 재블린을 같은 이름을 가진 영국 휴대용 지대공미사일로 착각하는 경우도 없지 않다. 지대공미사일 재블린은 포클랜드전쟁Falkland Islands War 때 영국군이 100발 쏴서 겨우 2발 명중된 걸로 유명한 블로우파이프의 후속작이다.

처음에는 아프가니스탄에서 재블린을 쓸 일이 거의 없을 것 같았다. 아프간 반군이 보유한 전차는 극소수였다. 평지가 많은 이라크와는 달리 대부분 산악지형인 아프가니스탄에 미국도 전차를 투입하기를 꺼렸다. 아프간 반군이 산 위에서 가장 방어력이 떨어지는 전차 상부를 향해 RPG를 쏘면 취약하기 때문이었다. 미군은 대신 보병전투차나 엠랩을 주로 투입했지만 이도 완전한 해결책은 못 되었다.

●●● 먼 거리에서 공격해오는 아프간 반군에 골머리를 썩던 미군은 의외의 해결책을 찾아냈다. 1996년에 미 육군과 해병대에 도입된 2인용 대전차미사일 FGM-148 재블린이었다. 재블린은 유탄발사기나 중기관총, 혹은 중박격포로 공격하기 곤란한 아프간 반군에게 효과적이었다. 4.75킬로미터인 최대사정거리는 유탄발사기보다 훨씬 길었고, 위력도 중기관총보다 뛰어났다. 또한, 비교할 수 없을 정도로 중박격포보다 정확했으며 박격포탄으로 공격할 수 없는 동굴에 직사도 가능했다. 게다가 이른바 '소프트 런치' 방식을 채택해 후폭풍도 크지 않았다.

재블린 외에도 미 육군은 다른 대전차미사일을 갖고 있었다. 가령, 베트남전 때 최초로 사용됐던 BGM-71 토우^{TOW}를 아프가니스탄 침공 때도 썼다. 토우는 성능에 크게 모자람은 없었지만 보병이 운용하기에는 너무 무거웠다. 휴대 가능한 대전차미사일로 개발된 FGM-77 드래곤^{Dragon}은 확실히 토우보다 가벼웠지만 그 외에는 단점투성이였다. 초당 100미터 정도에 지나지 않는 로켓 속도는 너무 느렸고, 최대 사거리도 1.5킬로미터밖에 되지 않았으며, 심지어는 후폭풍도 RPG보다 컸다. 재블린은 열악하기 짝이 없던 드래곤을 대신하기 위해 만든 대전차미사일이었다.

재블린은 유탄발사기나 중기관총, 혹은 중박격포로 공격하기 곤란한 아프간 반군에게 효과적이었다. 4.75킬로미터인 최대사정거리는 유탄발사기보다 훨씬 길었고, 위력도 중기관총보다 뛰어났다. 또한, 비교할 수 없을 정도로 중박격포보다 정확했으며 박격포탄으로 공격할 수 없는 동굴에 대한 직사도 가능했다. 게다가 이른바 '소프트 런치soft launch' 방식을 채택해 후폭풍도 크지 않았다. 즉, 대전차미사일로 개발되었지만 전혀 엉뚱한 곳에서 진가를 발휘했던 것이다.

2010년 2월 13일부터 12월 7일까지 치러진 모쉬타라크 전투Battle of Moshtarak는 재블린이 활약한 대표적인 전투다. 마르자 전투Battle of Marjah라고도 불리는 이 전투에서 미군 4,000명과 아프간 보안군 2,500명은 아프간 반군 약 1,000명을 상대했다. 대략 1발에 2억 원 이상인 재블린을 전차가 아닌 반군 병사에게 쏘는 게 미친 짓 아니냐는 의견도 없지는 않았지만, 정확도와 사정거리만큼은 미군이 만족할 만했다. 모쉬타라크 전투에서 미군 전사자는 45명에 그친 반면, 아프간반군 전사자는 120명 이상이었다.

엔지니어들이 당초 생각하지 못한 용도로 무기가 활용된 사례는 재블린 말고도 또 있었다. 공중발사 대전차미사일인 매버릭Maverick이나 헬파이어Hellfire도 원래는 소련 전차를 상대하기 위해 만들어졌지만 고정된 지상목표물에 대해서도 활발히 사용되었다. 이들 대전차미사일 탄두는 위력이 너무 약하지도 않고 강하지도 않은 장점을 가졌다. 즉, 성형작약탄에 의한 폭발력은 옆 건물까지 무너뜨릴 정도로 크지 않았다.

드래곤 성능이 불만족스러웠던 미 육군은 1983년 최신 중형 대

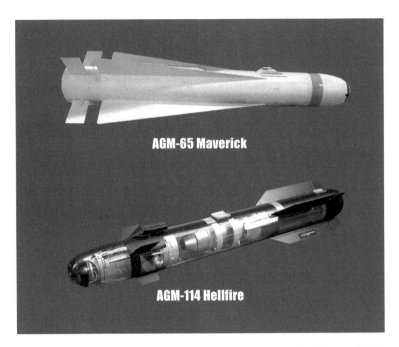

●●● 엔지니어들이 당초 생각하지 못한 용도로 무기가 활용된 사례는 재블린 말고도 또 있었다. 공중발사 대전차미사일인 매버릭(위)이나 헬파이어(아래)도 원래는 소련 전차를 상대하기 위해 만들어졌지만 고정된 지상목표물에 대해서도 활발히 사용되었다. 이들 대전차미사일 탄두는 위력이 너무 약하지도 않고 강하지도 않은 장점을 가졌다. 즉, 성형작약탄에 의한 폭발력은 옆 건물까지 무너뜨릴 정도로 크지 않았다.

전차미사일에 대한 요구사항을 정립하고 1985년 개발을 승인했다. 1986년 8월, 이른바 '원리증명' 단계가 개시되면서 공식적인 개발 절차에 돌입했다.

대전차미사일 관련 테크놀로지 중 가장 중요한 부분은 유도방식이었다. 재블린 유도방식 후보에는 모두 세 가지가 있었다. 세 방식 모두 기존 미사일에서 성공적으로 활용된 방식이었기에 우열을 가리기가 쉽지 않았다. 미 육군은 실물옵션이론의 정신에 따라 세 가지 방식모두에 가능성을 열어두고자 했다. 다시 말해, 각각의 방식에 선행개발비 300억 원을 주고 그 돈으로 개발된 시제품을 비교해 결정할 계획이었다.

첫 번째 방식은 레이저유도였다. 레이저유도방식을 택한 무기회사는 포드 에어로스페이스Ford Aerospace와 스페이스 시스템스 로랄Space Systems/Loral 컨소시엄이었다. 두 번째 방식은 광학유도였다. 토우를 개발했던 휴즈 에어크래프트Hughes Aircraft가 보잉Boeing과 컨소시엄을 형성해 광학유도방식을 채용한 새로운 대전차미사일 개발에 나섰다. 마지막 세 번째 방식은 적외선유도였다. 텍사스 인스트루먼츠Texas Instruments와 마틴 마리에타Martin Marietta가 공동으로 적외선유도방식을 택했다.

1988년 11월 원리증명 단계가 종료되면서 시행한 시제품 평가에서 각 팀은 모두 요구사항을 충족하는 성능을 선보였다. 각각 미사일을 12발 이상 발사해 최소 기준인 60퍼센트를 넘는 명중률을 기록했다. 그러나 각 시스템별 장단점도 뚜렷이 나타났다.

포드 에어로스페이스와 스페이스 시스템스 로랄이 개발한 레이저유도 미사일의 경우 무엇보다도 비용이 낮았다. 또한, 제일 빠른 미사일 속도도 장점이었다. 전체적인 명중률은 나쁘지 않았지만, 대신 사정거리가 길어지면 명중률이 떨어지는 단점이 있었다. 레이저유도의 가장 큰 단점은 다른 두 방식보다 사수가 더 긴 시간 훈련을 받아야 한다는 사실이었다. 사수 안전 측면에서도 미사일이 명중될 때까지 사수가 레이저를 계속 목표물에 주사해야 해서 불리했다.

휴즈 에어크래프트와 보잉이 개발한 광학유도 미사일의 경우도 사수 안전이 문제였다. 가격은 약간 비싼 편이었지만 대신 거리에 따른 명중률 저하는 별로 나타나지 않았다. 평지에서 전차 상단을 공격할 수 있다는 점도 유리했다. 반면, 미사일 속도가 느리다는 단점이 눈에 띄었다.

텍사스 인스트루먼츠와 마틴 마리에타의 적외선유도 미사일은 무엇보다도 완전한 '발사 후 망각fire and forget'을 표방했다. 즉, 발사 후 사수 안전이 가장 먼저 확보된다는 장점이 있었다. 발사가 쉬운 만큼 사수가 받아야 할 훈련도 셋 중 가장 가벼웠다. 발사 후 망각 방식의 특성상 먼 거리에서도 명중률이 유지되며, 모드 선택에 따라 직사 공격과 상부 공격 둘 다 가능한 특징을 가졌다. 대신, 가격이 제일 비쌌고, 테크놀로지상 신뢰성이나 개발 가능성 측면에서 가장 불리했다. 발사 후 망각 방식은 당시로서는 아직 검증되지 않은 불확실한 테크놀로지였다.

미 육군은 세 시스템을 평가하기 위한 목적함수를 다음과 같이 정했다. 첫 번째 평가항목은 치명성이었다. 치명성을 좀 더 세분화하면, 미사일 명중률에 명중 시 파괴확률을 곱한 값에 70퍼센트 가중치가 부여되었고, 전차 상부 공격능력에 30퍼센트 가중치가 주어졌다. 100퍼센트가 만점인 전체 목적함수에서 치명성에는 30퍼센트 비중이 주어졌다.

치명성 = 0.7×P(명중)×P(파괴|명중) + 0.3×전차 상부 공격능력　　　(14.1)

두 번째 평가항목은 전술적 우위였다. 이런저런 성능을 평가하기 위한 전술적 우위는 무게 40퍼센트, 발사소요시간 30퍼센트, 미사일 비행시간 20퍼센트, 그리고 재조준 가능 여부에 10퍼센트 가중치를

주고 이를 단순 합산한 값으로 규정했다. 전술적 우위에 대한 목점함
수 비중은 치명성과 같은 30퍼센트가 부여되었다.

전술적 우위 = 0.4×무게 + 0.3×발사시간 + 0.2×비행시간

+ 0.1×재조준능력 (14.2)

세 번째 평가항목은 사수 안전성이었다. 발사 후 사수가 노출되는
정도에 80퍼센트 가중치가 주어졌고, 나머지 가중치 20퍼센트는 사
수가 받아야 할 훈련량에 배당되었다. 사수 안전성 또한 목적함수에
서 30퍼센트 비중을 가졌다.

사수 안전성 = 0.8×발사 후 사수 노출 + 0.2×훈련량 (14.3)

마지막 네 번째 평가항목은 조달이었다. 전체 목적함수에서 조달
용이성 비중은 10퍼센트였다. 대전차미사일의 효과를 평가하기 위한
목적함수를 정리하면 다음의 식 (14.4)와 같았다.

효과 = 0.3×치명성 + 0.3×전술적 우위 + 0.3×사수 안전성

+ 0.1×조달 (14.4)

미 육군 평가단은 위 식에 나온 각각의 평가항목에 대해 최소 0점,
최대 10점의 점수를 부여했다. 평가는 대체로 외부적 입김 혹은 정
치적 왜곡 없이 이뤄졌다고 할 만했다. 개별항목에 대한 점수는 〈표

14.1〉과 같았다.

<표 14.1〉 각 유도방식의 평가항목별 점수

평가항목	세부평가항목	레이저	광학	적외선
치명성	P(명중) x P(파괴명중)	5	4	7
	전차 상부 공격능력	6	7	9
전술적 우위	무게	9	5	3
	발사시간	8	7	5
	비행시간	7	5	5
	재조준능력	10	10	0
사수 안전성	발사 후 사수 노출	5	1	10
	훈련량	2	8	10
조달	조달 용이성	8	6	4

각각의 점수에 가중치를 곱한 결과, 적외선유도방식의 효과가 6.79로 가장 높게 나타났다. 두 번째는 광학유도의 5.88이었고, 레이저유도가 5.69로 제일 낮은 효과를 보였다. 적외선유도방식이 점수차를 크게 벌린 항목은 발사 후 사수 노출과 훈련량 같은 사수 안전성이었다. 대신 전술적 우위에서는 제일 낮은 평가를 받았다.

사실, 미 육군은 평가 이전부터 적외선유도방식을 가장 선호했다. 이유는 바로 발사 후 망각이 가능하기 때문이었다. 발사 후 사수 노출에 24퍼센트라는 가장 큰 가중치를 준 이유도 다르지 않았다. 미 육군은 광학유도가 레이저유도보다 조금 더 낫다고도 생각했다. 평가 결과는 미 육군이 원하는 바대로였다.

하지만 효과는 하나의 변수에 불과했다. 효과만큼 중요한 변수인 비용이 문제였다. 미 육군은 전부 2,000발을 구매할 계획이었다. 이에 따른 전체 프로그램 비용은 예상대로 레이저유도가 제일 적고, 적외선유도가 제일 높았다. 〈표 14.2〉에 나온 것처럼, 적외선유도방식의 1발당 비용은 1.5억 원으로 레이저유도방식의 0.9억 원이나 광학유도방식의 1.1억 원에 비해 확연히 비쌌다.

〈표 14.2〉 각 유도방식의 비용

	레이저	광학	적외선
1발당 비용	0.9억 원	1.1억 원	1.5억 원
프로그램 비용	1,800억 원	2,200억 원	3,000억 원

여기서 비용 대 효과 비율을 시험 삼아 한번 구해보자. 각 방식의 효과 점수를 1발당 비용으로 나누면 레이저유도는 1억 원당 6.32, 광학유도는 5.35, 적외선유도는 4.53이 나온다. 이러한 비율대로라면 레이저유도가 가장 우월한 대안이고 광학유도가 그 다음, 적외선유도는 가장 열등한 대안이라고 결론 내리게 된다.

앞에서 세세한 과정을 보여준 이유는 바로 이런 식으로 하면 안 된다는 사실을 다시 한 번 강조하기 위해서다. 비용이나 효과를 일치시키지 않은 채로 얻은 비용과 효과를 단순히 나눈 결과는 결코 신뢰할 수 없다고 앞에서 누누이 반복했다. 또한, 9장에서 설명했듯이 목적함수를 산술적 가중평균으로 정하면 그 정확한 의미를 파악하기가 쉽지 않다. 가령, 10점 만점인 효과점수가 5점에서 6점으로 올라갈 경우 비용 19퍼센트 증가는 괜찮지만 21퍼센트 증가는 문제라고 얘기할 수 있을까? 그렇지는 않다. 가중치와 점수를 부여한 방식에 따라

비용 대 효과 비율은 얼마든지 다른 결과가 나올 수 있다.

그럼에도 불구하고 당시 미군은 비용 대 효과 비율을 평가지표로 받아들였다. 그러고는 적외선유도가 비율상 4.53으로 꼴찌를 기록하자 절대 범해서는 안 될 일을 저질렀다. 그건 원하는 결과가 나오지 않는다고 평가기준을 바꾸는 일이었다. 가중치를 이리저리 바꾼 끝에 결국 미 육군은 1989년 6월 적외선유도 방식을 채택한 텍사스 인스트루먼츠와 마틴 마리에타와 공식 계약을 체결했다. 주 계약사였던 텍사스 인스트루먼츠는 방산부문을 1997년 레이시온^{Raytheon}에 팔았고, 컨소시엄 일원이었던 마틴 마리에타는 1995년 록히드^{Lockheed}와 합병했다. 그래서 현재 재블린을 제조하는 회사는 레이시온과 록히드 마틴이다.

미 육군이 그토록 발사 후 망각이 중요하다고 생각했다면 처음부터 이를 필수 요구조건의 하나로 포함시키는 게 더 타당했다. 가령, 레이저유도는 근본적으로 발사 후 망각에 적합하지 않은 유도방식일 수도 있었다. 따라서 레이저유도는 배제하고 여러 무기회사로 하여금 적외선유도방식에 대해서만 개발하도록 요구할 수도 있었다. 그랬더라면 좀 더 비용 효과적인 무기 개발이 가능했을 것이다.

텍사스 인스트루먼츠와 마틴 마리에타는 1991년 4월 재블린 시험비행에 성공했고, 1993년 3월 발사대를 이용한 시험발사에도 성공했다. 이를 바탕으로 1994년 미 육군은 소규모 시험양산을 승인했다. 양산 신뢰성이 확보된 후인 1996년 재블린은 일선 부대에 배치되었다.

재블린에 대한 일선 부대 평가는 대체로 호의적이다. 무엇보다도 발사 후 망각 성능과 높은 정확도가 좋은 평가에 일조한다. 미

FGM-148 Javelin

●●● 미 육군은 1983년 최신 중형 대전차미사일에 대한 요구사항을 정립하고 1985년 개발을 승인했다. 1986년 8월, 이른바 '원리증명' 단계가 개시되면서 공식적인 개발 절차에 돌입했다. 재블린 유도방식 후보에는 레이저유도방식, 광학유도방식, 적외선유도방식이 있었다. 미 육군은 실물옵션 이론의 정신에 따라 세 가지 방식 모두에 가능성을 열어두고 각각의 방식에 선행개발비 300억 원을 주고 그 돈으로 개발된 시제품을 비교해 결정할 계획이었다. 그러나 사실, 미 육군은 평가 이전부터 적외선유도방식을 가장 선호했다. 이유는 바로 발사 후 망각이 가능하기 때문이었다. 미 육군이 그토록 발사 후 망각이 중요하다고 생각했다면 처음부터 이를 필수 요구조건의 하나로 포함시키는 게 더 타당했다. 그랬더라면 좀 더 비용 효과적인 무기 개발이 가능했을 것이다.

군 외에 19개국에서 사용될 정도로 저변도 넓다. 재블린을 구입한 국가 중에 대만과 요르단이 눈에 띈다. 대만은 2002년에 재블린 360발과 발사대 40대를 390억 원에 구입했고, 2008년에는 182발과 20대를 추가 구매했다. 요르단은 2004년과 2009년 두 차례에 걸쳐 1,970발과 192대를 약 4,000억 원에 구매했다.

미군은 2002년 초 아프가니스탄 전역에 대한 점령을 완료했다. 동원된 미군 수는 약 1만 8,000명으로, 이후 아프가니스탄에서 활동한 민간군사기업 병력 2만 명보다도 적었다. 미국에 협력하는 아프간 보안군 병력은 35만 2,000명이었다. 이들에게 저항하는 아프간 반군의 수는 6만 명 정도에 지나지 않았다. 그러나 이들은 끈질기게 저항했다.

2014년 말까지 미군 전사자는 2,356명으로 집계되었다. 미국이 돈을 대는 민간군사기업의 사망자는 1,582명으로 미군에 못지않은 손실을 입었다. 아프간 보안군은 피해가 그보다 훨씬 커서 전사자 2만 1,950명이 발생했다. 부상자도 미군 1만 9,950명, 민간군사기업 1만 5,000명 이상 등 적지 않았다. 아프간 반군 사망자는 대략 3만 3,000명 이상으로 추정되었다.

시간이 아무리 흘러도 아프간 반군의 저항은 별로 줄지 않았다. 오히려 아프간 보안군과 반군 간 구별이 불분명해졌다. 2011년부터는 아프간 보안군 내 배반자가 미군을 공격하는 일이 빈번해졌다. 2011년 21번의 공격이 발생해 35명이 사망했고, 2012년에도 46번의 공격이 벌어져 63명이 죽고 85명이 부상당했다. 2014년 8월 5일에는 아프간 보안군 복장을 한 1명이 갑작스럽게 사격을 가해 미군 장군 1명이 죽고 15명이 부상당하기도 했다.

견디지 못한 미국은 2014년 12월 28일, 철군과 종전을 공식적으로 선언했다. 2001년에 군사적 공격을 개시했으므로 무려 만 13년여를 전쟁한 셈이었다. 미국 역사상 가장 긴 전쟁기간이기도 했다.

공식적인 철군과 무관하게 2015년 이후에도 아프간 보안군과 아프간 반군 사이 내전은 현재진행형이다. 미군 병력 9,800명과 민간군사기업 2만 6,000명도 군사고문단과 경비병력으로 현지에 주둔 중이다. 아프간 반군에 대한 미군의 공습도 여전하다. 즉, 아직 아프가니스탄에서 전쟁은 완전히 끝나지 않았다. 미국이 아프가니스탄에서 영국과 소련과 똑같은 전철을 밟을지는 아직 확정되지 않았다. 그러나 그럴 가능성이 높다.

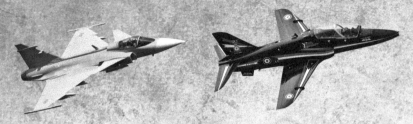

PART 5
모든 경제성 기준을
허수아비로 만드는 뇌물

CHAPTER 15
무기회사와 무기중개상의 파란만장한 초창기 역사

● 영국 작가 조지 버나드 쇼^{George Bernard Shaw}는 1905년 「바바라 소령 Major Barbara」이라는 희곡을 발표했다. 구세군 일원인 주인공 바바라 언더샤프트^{Barbara Undershaft}는 가난한 사람들을 돕는 삶에서 보람을 찾는 다. 그러나 구세군이 그녀 아버지인 무기제조상 앤드류 언더샤프트 ^{Andrew Undershaft}의 기부금을 받자 환멸을 느낀다. 부정한 돈은 받지 말아 야 한다는 게 바바라의 생각이다. 반면, 앤드류는 생각이 다르다. 무기 보다 가난이 더 나쁜 문제고, 딸이 가난한 사람에게 공짜로 주는 빵과 수프보다는 자신이 무기를 팔아 번 돈으로 직원들에게 월급을 주는 게 더 사회에 보탬이 된다는 것이다. 앤드류는 말한다. "(세상의) 구원 에는 돈과 탄약이 필요하다"고.

쇼에 의하면, 무기제조상의 자기 소개는 이런 식이다. "여기 내가 있 다, 수족 절단과 살인으로부터 이익을 거두는 자." 무기상의 전형이라 할 수 있는 앤드류 언더샤프트가 바라보는 국가란 다음과 같다.

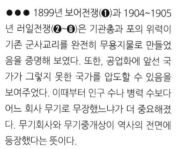

●●● 1899년 보어전쟁(❶)과 1904~1905년 러일전쟁(❷~❻)은 기관총과 포의 위력이 기존 군사교리를 완전히 무용지물로 만들었음을 증명해 보였다. 또한, 공업화에 앞선 국가가 그렇지 못한 국가를 압도할 수 있음을 보여주었다. 이때부터 인구 수나 병력 수보다 어느 회사 무기로 무장했느냐가 더 중요해졌다. 무기회사와 무기중개상이 역사의 전면에 등장했다는 뜻이다.

"국가는 우리가 돈을 벌도록 해주는 가게와 같아. 전쟁이 우리에게 유리할 때는 전쟁을 일으키고, 전쟁이 우리에게 불리할 때는 평화를 지키지. 내가 소유한 회사 배당금을 높일 필요가 있을 때 내 희망사항은 국가적 필요로 둔갑하고, 배당금이 줄지 않도록 경찰과 군대가 동원되지. 그 대가로, 당신은 내가 소유한 신문들로부터 지원과 박수, 그리고 위대한 정치인이라는 이미지를 얻게 될 거야."

쇼가 이 작품을 쓴 데는 필시 1899년 보어전쟁과 1904~1905년 러일전쟁이 계기가 되었을 듯싶다. 두 전쟁은 기관총과 포의 위력이 기존 군사교리를 완전히 무용지물로 만들었음을 증명해 보였다. 또한, 공업화에 앞선 국가가 그렇지 못한 국가를 압도할 수 있음을 보여

주었다. 이때부터 인구 수나 병력 수보다 어느 회사 무기로 무장했느냐가 더 중요해졌다. 무기회사와 무기중개상이 역사의 전면에 등장했다는 뜻이다.

무기회사 설립은 비교적 근래의 일로 채 200년이 안 되었다. 19세기에 들어 영국, 프랑스, 스웨덴처럼 공업기반이 탄탄한 국가들은 무기 개발과 생산에서 자국화를 앞장서 추진했다. 나중에 독일 통일을 이룬 프로이센과 신대륙의 미국도 이러한 움직임을 뒤따랐다. 공업화에 뒤진 후발주자 러시아나 일본도 제국주의 행렬에 끼기 위해 자국 무기회사 육성에 박차를 가했다. 그리고, 이 모든 노력은 끊임없는 전쟁의 연속으로 귀결되었다.

1861년부터 1865년까지 치러진 미국 내전, 즉 남북전쟁은 산업화된 무기 성능이 전쟁 승패에 결정적 요소임을 확인시켜준 최초의 전쟁이라 할 만하다. 물론 남북전쟁 이전에도 무기 성능은 늘 중요한 요소였다. 가령, 1815년 워털루 전투에서 프랑스군이 영국과 프로이센 연합군에 패한 데에는, 영국군이 1803년부터 사용한 쉬라프넬Shrapnel 혹은 유산탄이라고 부르는 인마살상력이 대폭 높아진 포탄이 크게 기여했다.

이때만 해도 무기 생산은 국가가 직접 수행하는 일이었다. 국방은 가장 대표적인 공공재로 사적 이익을 추구하는 민간회사가 맡아서는 곤란했다. 국방을 이루는 수단인 무기 생산 또한 마찬가지였다.

남북전쟁은 내전인 탓에 무기 생산 주체가 국가여야 한다는 개념이 모호해졌다. 남북전쟁 때 북군과 남군 소총을 예로 비교해보자. 북군 주력 소총은 '스프링필드 모델Springfield Model 1861'이었다. 장탄을 총구

Springfield Model 1861

Enfield Pattern 1853

●●● 남북전쟁은 내전인 탓에 무기 생산 주체가 국가여야 한다는 개념이 모호해졌다. 북군 주력 소총은 '스프링필드 모델 1861'(위)이었다. 장탄을 총구에서 하는 전장식이지만 총신 내부에 강선이 있는 스프링필드의 제조사는 북군에 속한 매사추세츠에 있었다. 여기서 1861은 1861년에 개발되었음을 뜻한다. 반면, 남군 주력 소총은 '엔필드 패턴 1853'(아래)이었다. 1853년에 개발된 엔필드 패턴 1853은 스프링필드 1861과 마찬가지로 전장식 강선총이었다. 하지만 둘 사이에는 큰 차이가 하나 있었다. 바로 엔필드가 영국 국영총기회사라는 점이다. 남군은 자체 무기공장이 없어서 영국에서 소총을 수입하는 신세였다.

에서 하는 전장식이지만 총신 내부에 강선이 있는 스프링필드의 제조사는 북군에 속한 매사추세츠^{Massachusetts}에 있었다. 여기서 1861은 1861년에 개발되었음을 뜻한다. 반면, 남군 주력 소총은 '엔필드 패턴^{Enfield Pattern} 1853'이었다. 1853년에 개발된 엔필드 패턴 1853은 스프링필드 1861과 마찬가지로 전장식 강선총이었다.

하지만 둘 사이에는 큰 차이가 하나 있었다. 바로 엔필드^{Enfield}가 영국 국영총기회사라는 점이다. 즉, 남군은 자체 무기공장이 없어서 영국에서 소총을 수입하는 신세였다. 사실, 권총이나 강선이 없는 전장식 머스킷, 즉 활강총을 제조하는 소규모 작업장은 여럿 있었다. 전쟁 초반에는 북군이나 남군 모두 주로 전장식 활강총으로 무장했다. 그러다가 전쟁이 진행되면서 점차 스프링필드 모델 1861과 엔필드 패턴 1853으로 교체되었다.

남군은 내심 영국이 자신들 편에 서서 참전할 거라고 믿었다. 당시 면방직이 주요 산업인 영국은 원료인 면화를 미국 남부로부터 80퍼센트나 수입했다. 전쟁이 나자 남군은 수출항을 폐쇄하고 1년치가 넘는 수출물량을 불태웠다. 섬유공장을 돌릴 면화 부족 사태를 면하기 위해 영국이 자신들을 도와 북군을 공격하기를 기대했다.

그러나 영국은 남군 기대대로 움직이지 않았다. 우선, 1859년과 1860년 면화 풍작으로 인해 남부연합 면화가 꼭 필요하지 않았다. 또한, 영국은 전쟁에 대한 새로운 사실 한 가지를 깨닫던 중이었다. 그것은 직접 참전하기보다는 무기를 파는 쪽이 좀 더 경제적으로 이익이라는 점이었다. 무기를 공급해줌으로써 자신들의 피를 흘리지 않으면서도 지정학적 영향력을 행사할 수도 있었다. 남군이나 북군 어느쪽이 이기더라도 내전으로 인해 결과적으로 미국의 힘은 약화될 수밖에 없었다. 한마디로, 남군은 영국을 위해 대리전쟁을 치르는 꼴이 되어버렸다.

북군과 남군 간 또 다른 차이점 하나는 북군만 스펜서Spencer나 윈체스터Winchester 같은 후장식 소총을 사용했다는 점이다. 특히 북군 기병대는 스펜서 연발총을 짧고 가볍게 개조한 스펜서 카빈을 애용했다. 남군은 일제사격을 한 번 한 후 돌격해오는 북군 기병대가 더 이상 총을 쏠 수 없다고 방심했다가 연속사격을 당해 몰살되곤 했다. 남군 병사들은 "양키들은 일요일에 한 번 장전해서 재장전 없이 일주일 내내 총을 쏜다"며 불평했다. 사실, 남군은 탄약 사정이 좋지 않아 연발총이 있어도 쓰기 쉽지 않았다. 그래서 숙련된 병사가 빨라야 1분에 겨

●●● 리볼버 권총을 만든 걸로 유명한 새뮤얼 콜트(그림)는 남북전쟁 당시 회사가 북부인 코네티컷에 있었지만 북군뿐만 아니라 남군에게 무기 파는 것을 주저하지 않았다. 적군 손에 무기를 쥐어주는 배신자라며 북군은 콜트를 강하게 비난했다. 유럽에서 벌어진 이전 전쟁 때 양측 모두에게 총을 팔곤 했던 콜트는 아랑곳하지 않았다. 콜트에게는 아군, 적군은 아무런 의미가 없었고 오직 이익만 중요할 따름이었다.

우 2발을 쏘고 신병이라면 평균 3분에 1발 쏘는 데 그치는 전장식 총을 선호했다. 이러한 무기 차이는 북군 승리에 적지 않게 공헌했다.

가장 흥미로운 사례는 서부영화에 빠지지 않고 나오는 리볼버 권총을 만든 걸로 유명한 새뮤얼 콜트Samuel Colt다. 콜트의 회사는 스펜서와 마찬가지로 북부인 코네티컷에 있었지만 북군뿐만 아니라 남군에게 무기 파는 것을 주저하지 않았다. 적군 손에 무기를 쥐어주는 배신자라며 북군은 콜트를 강하게 비난했다. 유럽에서 벌어진 이전 전쟁 때 양측 모두에게 총을 팔곤 했던 콜트는 아랑곳하지 않았다. 콜트에게는 아군, 적군은 아무런 의미가 없었고 오직 이익만 중요할 따름이었다. 1862년 통풍으로 급사한 콜트가 남긴 재산은 미국 국민총생산의

0.1퍼센트에 달했다.

19세기는 콜트를 능가하는 3명의 무기제조상이 전 세계를 피로 얼룩지게 한 시대였다. 이들 세 사람이 누구며 무슨 일을 했는지 차례로 알아보도록 하자.

첫 번째 인물은 윌리엄 암스트롱William Armstrong이다. 1810년 영국 뉴캐슬에서 태어난 암스트롱은 변호사가 되기 위한 교육을 받았고 11년간 변호사로 일했다. 하지만 동시에 엔지니어링에도 큰 관심을 보였다. 취미 삼아 만든 엔진이 유명해지면서 1846년에는 왕립학회 회원이 될 정도로 인정받았다. 급기야 1847년 암스트롱은 변호사를 그만두고 자신의 이름을 딴 기중기 회사를 설립했다.

암스트롱의 인생은 1854년을 기점으로 크게 방향을 틀었다. 1853년부터 1856년까지 벌어진 크림 전쟁에서 프랑스, 터키와 연합한 영국군은 러시아군을 상대로 고전을 면치 못했다. 암스트롱은 가벼우면서도 사격거리와 정확성이 뛰어난 야포가 영국군에 필요하다고 생각하고는 자비로 야포를 개발했다. 강선이 있는 강철 재질 포신 주변을 연철로 감싼 5파운드와 18파운드 후장식 포였다. 암스트롱포 성능에 대단히 만족한 영국 정부는 암스트롱이 새로 세운 회사 엘스윅Elswick Ordnance Company에 주문을 줬다. 암스트롱이 자신이 개발한 포에 대한 특허권을 정부에 양도하자 영국 왕실은 기사 작위 수여로 화답했다. 이때까지만 해도 그는 무기상이기보다는 애국자에 가까웠다.

크림 전쟁이 끝난 후 야포에 대한 주문이 줄어들자, 암스트롱은 새로운 활로를 뚫으려 했다. 1861년에 시작된 남북전쟁은 좋은 기회였다. 암스트롱은 콜트처럼 북군과 남군 모두에게 야포를 팔았다. 1884

●●● 19세기는 콜트를 능가하는 3명의 무기제조상 가운데 한 명인 영국인 윌리엄 암스트롱은 크림 전쟁 이후 새로운 활로를 모색했고, 1861년 시작된 남북전쟁은 그에게 아주 좋은 기회였다. 암스트롱은 콜트처럼 북군과 남군 모두에게 야포를 팔았다. 그리고 엘스윅에 군함을 전문적으로 건조하는 조선소를 열어 영국 이외에 이탈리아, 스페인, 포르투갈, 노르웨이뿐만 아니라 심지어 제1차 세계대전 때 적국이었던 오스트리아-헝가리 제국,그리고 칠레와 페루, 브라질, 일본에 군함을 팔았다. 한마디로 암스트롱에게는 국익보다 금전적 이익이 먼저였다. 결국, 암스트롱은 세계 최초의 국제무기상이라는 칭호를 얻었다.

년 암스트롱은 엘스윅에 군함을 전문적으로 건조하는 조선소를 열었다. 당시 엘스윅은 군함과 군함에 필요한 모든 무장을 자체적으로 제작할 수 있는 세계에서 유일한 조선소였다.

전쟁을 바라보는 눈이 바뀐 암스트롱에게 엘스윅에서 건조한 군함을 영국 해군만 사간다는 건 말이 안 되었다. 암스트롱은 다양한 국가 해군에게 군함을 팔았다. 고객 명단에는 이탈리아, 스페인, 포르투갈, 노르웨이뿐만 아니라 제1차 세계대전 때 적국이었던 오스트리아-헝가리 제국이 있었고, 서로 전쟁 중인 칠레와 페루, 반란을 일으킨 브라질 해군도 포함되어 있었다.

심지어 일본 제국 해군도 엘스윅 군함을 애용했다. 가령, 1894~1895년 청일전쟁 직전 풍도해전에서 영국 수송선 코우싱^{Kowshing}을 격침시킨 장갑순양함 나니와^{浪速}는 엘스윅에서 건조되었다. 풍도豊島는 현재 행정구역상 경기도 안산시 단원구에 속한 섬으로, 당시 나니와 함장은 나중에 일본에서 군신으로 추앙되는 도고 헤이하치로^{東鄉平八郎}였다. 또한, 1905년 러일전쟁 말미를 장식한 동해해전에서 큰 전과를 거둔 2함대 기함인 장갑순양함 이즈모^{出雲}도 엘스윅에서 건조되었다.

한마디로 암스트롱에게는 국익보다 금전적 이익이 먼저였다. 결국, 암스트롱은 세계 최초의 국제무기상이라는 칭호를 얻었다. 윌리엄 암스트롱은 1900년에 죽었다.

두 번째 인물은 알프레트 크루프^{Alfred Krupp}다. 크루프 일가는 16세기 말부터 독일 에센^{Essen}에서 길드를 운영했다. 1618~1648년 30년전쟁 때는 머스킷 제조로 큰 돈을 벌었다. 크루프 일가는 19세기 초까지 모직물, 석탄채굴, 제련 등으로 사업 분야를 확장했다. 1810년 영국을 봉쇄 중이던 나폴레옹은 상금 4,000프랑을 내걸었다. 당시 영국만 보유했던 주철 제조 테크놀로지를 개발한 사람에게 돌아갈 상금이었다. 프랑스군이 쓰던 청동제 야포로는 영국 주철제 야포를 당해낼 재간이 없음을 나폴레옹은 알았다.

1812년에 태어난 알프레트 크루프는 1826년 아버지가 죽자 15세 나이에 학교를 그만두고 가족 사업을 떠맡았다. 1847년 크루프는 드디어 주철제 야포를 만드는 데 성공했다. 처음에 만든 6파운드 포는 전장식이었지만 크루프는 이내 후장식 포도 생산했다. 후장식이 포신

●●● 16세기 말부터 독일 에센에서 길드를 운영한 크루프 일가는 1618~1648년 30년전쟁 때 머스킷 제조로 큰 돈을 벌었다. 1812년에 태어난 알프레트 크루프(그림)는 1826년 아버지가 죽자 15세 나이에 학교를 그만두고 가족 사업을 떠맡았다. 1847년 크루프는 드디어 주철제 야포를 만드는 데 성공했다. 크루프 야포로 무장한 프로이센군은 1866년 오스트리아를, 1870~1871년 프랑스를 물리쳤고, 빌헬름 1세는 통일독일 최초의 황제가 되었다. 돈이 되면 상대를 가리지 않고 무기를 파는 일은 크루프도 암스트롱 못지않았다.

안 압력이 좀 더 세기 때문에 정확도와 사정거리에서 유리했다. 당시 크루프의 후장식 포에 비견할 만한 유일한 포는 암스트롱의 포였다.

뛰어난 성능에도 불구하고 프로이센군은 처음에는 크루프 포를 채택하지 않았다. 프로이센군은 익숙한 전장식 청동제 포가 더 낫다고 고집부렸다. 판매에 실패한 크루프는 프로이센 왕 프리드리히 빌헬름 4세Friedrich Wilhelm IV에게 선물로 줬다. 장식용으로라도 쓰라는 뜻이었다. 행운은 기대하지 않던 곳에서 왔다. 1861년 새로 왕이 된 빌헬름 1세Wilhelm I가 크루프 포의 장점을 알아보고는 대량으로 주문했다. 크루프 야포로 무장한 프로이센군은 1866년 오스트리아를,

1870~1871년 프랑스를 물리쳤고, 빌헬름 1세는 통일독일 최초의 황제가 되었다.

독일 전쟁역량을 상징하는 인물이 된 알프레트 크루프는 1870년 대에도 끊임없는 사세 확장을 꾀했다. 스페인 광산과 네덜란드 조선소 등을 사들였다가 재무적 부담이 지나쳐 부도 직전까지 갔다. 그러나 독일 제국이 크루프가 망하게 내버려둘 리는 없었다. 프로이센 국립은행이 거의 무제한에 가까운 자금 지원을 해준 덕에 크루프는 결국 살아났다.

돈이 되면 상대를 가리지 않고 무기를 파는 일은 크루프도 암스트롱 못지않았다. 1887년 죽을 때까지 크루프는 포 2만 4,576문을 생산했는데, 그중 독일군에게 판매한 포는 1만 666문으로 43퍼센트에 지나지 않았다. 특히, 러시아에게 3,096문을 팔면서 동시에 러시아의 숙적 터키에게도 2,773문을 팔았다. 이외에도 루마니아, 불가리아, 그리스 등도 크루프 고객이었고, 이들은 1912~1913년 발칸 전쟁 때 서로 크루프 포로 치고받았다.

알프레트 크루프가 죽은 후 회사는 아들 프리드리히 알프레트 "프리츠" 크루프Friedrich Alfred "Fritz" Krupp가 이어받았다. 프리츠의 시기는 1888년에 독일 황제가 된 빌헬름 2세Wilhelm II와 일치했다. 프리츠는 군함과 잠수함을 건조하는 조선소를 사들여 빌헬름 2세가 추진한 대양해군 건설에 발맞췄다. 그러나 1902년 카프리Capri에서 40명이 넘는 이탈리아 소년들과 성적으로 문란한 행위를 벌인 혐의로 이탈리아 경찰에 입건되었다가 풀려났다. 프리츠의 아내는 남편을 처벌해달라고 빌헬름 2세에게 요청했다. 소문이 퍼지는 걸 꺼렸던 빌헬름 2세는 오히려 프리츠의 아내를 죽을 때까지 정신병원에 가둬버렸다. 얼마 후 프리츠는 자기 방에서 시체로 발견되어 자살로 처리되었다.

세기적 무기제조상 3인 중 마지막 인물은 바로 알프레드 노벨Alfred Bernhard Nobel이다. 1833년 스웨덴 수도 스톡홀름Stockholm에서 태어난 노벨은 엔지니어인 아버지 사업이 번성하면서 어려서부터 최고 교사들에게 개인교습을 받았다. 가령, 1850년 노벨은 파리에서 에콜 폴리테크니크 교수 테오필-쥘 펠루즈Théophile-Jules Pelouze에게 배웠고, 1851년 미국으로 건너가 남북전쟁 때 활약한 장갑함 모니터USS Monitor를 디자인한 존 에릭슨John Ericson에게 배웠다.

노벨은 파리에 있을 때 펠루즈의 제자였던 토리노 대학 교수 아스카니오 소브레로Ascanio Sobrero를 만나 니트로글리세린nitroglycerin에 대해 알게 되었다. 니트로글리세린의 폭발에너지는 이전 어떤 화약이나 화학물질보다도 강력했지만 불안정한 액체라 다루기가 곤란했다. 소브레로는 이런 위험한 물질이 사용되어서는 안 된다며 심지어 1년간 니트로글리세린의 존재를 숨기기도 했다.

노벨은 니트로글리세린을 안전하게 사용할 방법을 찾고자 온갖 시행착오를 거친 끝에 결국 1867년 다이너마이트를 개발했다. 그 과정에서 친동생이 폭발사고로 죽었다. 1896년 노벨이 죽은 후 그가 남긴 유언장에 따라 5개 분야에 대한 노벨상이 제정되어 현재까지도 매년 상을 주고 있다.

노벨상 이미지에 가려 사람들이 잘 모르는 노벨의 본 모습은 바로 그가 수많은 전쟁에서 불경스러울 정도로 떼돈을 번 사람이라는 점이다. 사실, 알프레드 노벨의 아버지 임마누엘 노벨Immanuel Nobel은 원

●●● 1833년 스웨덴 스톡홀름에서 태어난 노벨은 젊은 시절 파리에 있을 때 어떤 화약이나 화학
물질보다 폭발에너지가 강력하지만 불안정한 액체라 다루기 곤란한 니트로글리세린에 대해 알게
되었다. 니트로글리세린을 안전하게 사용할 방법을 찾고자 온갖 시행착오를 거친 끝에 결국 1867
년 다이너마이트를 개발했다. 노벨상 이미지에 가려 사람들이 잘 모르는 노벨의 본 모습은 바로 그
가 수많은 전쟁에서 불경스러울 정도로 떼돈을 번 사람이라는 점이다. 노벨이 스웨덴 무기회사 보
포르스를 소유했다는 사실을 아는 사람은 극히 드물다. 보포르스 40밀리미터 대공기관포는 제2차
세계대전 때 독일군과 연합군 모두에게 애용되었다. 즉, 피아 구별 없이 팔았다는 뜻이다.

래 1853~1856년 크림 전쟁 때 기뢰를 만들어 팔아 커다란 부를 일
구었다. 즉, 노벨에게 무기 제조는 일종의 가업이었다. 알고 보면, 니
트로글리세린에 대한 관심도 결코 순수한 학술적 의도만은 아니었
다. 크림 전쟁이 끝난 후 러시아 황제가 군사비 지출을 줄이자 1859
년에 부도난 아버지 무기회사를 되살리려는 차원이 더 본질적이었다.
1870~1871년 프랑스-프로이센 전쟁에 데뷔한 다이너마이트는 없
어서 못 파는 물건이 되었다.

노벨은 단지 다이너마이트와 같은 화약만 개발한 게 아니었다. 그
는 1863년 뇌관, 즉 기폭장치를 발명했다. 뇌관이 있기 때문에 다이

너마이트를 폭탄으로 쓸 수 있었다. 또, 노벨이 스웨덴 무기회사 보포르스Bofors를 소유했다는 사실을 아는 사람은 극히 드물다. 보포르스 40밀리미터 대공기관포는 제2차 세계대전 때 독일군과 연합군 모두에게 애용되었다. 다시 말하면, 피아 구별 없이 팔았다는 뜻이다. 보포르스는 원래 단순한 제철회사에 가까웠지만 노벨이 인수한 후 야포와 화약제조회사로 탈바꿈해 오늘날에 이른다.

어떤 의미에서는 크루프와 암스트롱의 포도 노벨이 있었기에 세상에 족적을 남길 수 있었다. 노벨이 만든 다이너마이트Dynamite, 젤리그나이트Gelignite, 발리스타이트Ballistite와 같은 일련의 화약이 없었다면 기존 청동제 야포와 성능에서 획기적인 차이를 보이는 데 한계가 있었을 것이다. 가령, 1890년 프리츠 크루프는 노벨의 추진장약을 견딜 수 있는 포 재료를 얻으려는 노력 끝에 니켈강을 만들었다.

암스트롱과 크루프 그리고 노벨은 적어도 직접 무기를 개발한 엔지니어였다. 반면, 동시대 인물 중에는 오직 극한의 사기적 책략과 뇌물로 한 시대를 풍미한 무기중개상도 있었다. "죽음의 슈퍼 세일즈맨", "유럽의 미스터리맨", 혹은 "우리 시대의 몬테크리스토"라는 별명으로 불린 바실 자하로프Basil Zaharoff가 그 주인공이다. 당시 자하로프는 "흑마술사 알레이스터 크로울리Aleister Crowley와 세상에서 가장 사악한 사람 자리를 놓고 다툴 만하다"는 세간의 평가를 받았다.

그리스 혈통인 자하로프는 1850년경 터키 아나톨리아Anatolia 태생으로 추정된다. 처음에는 이스탄불Istanbul 사창가에서 호객꾼으로 일하면서 툴룸바드스키라는 자율소방대원으로 일했다. 이 소방대는 사실 조폭에 가까웠는데, 뇌물을 줘야지만 불을 꺼 왔고, 추가적인 뇌물

●●● 바실 자하로프(사진)는 극한의 사기적 책략과 뇌물로 한 시대를 풍미한 무기중개상으로, "죽음의 슈퍼 세일즈맨", "유럽의 미스터리맨", 혹은 "우리 시대의 몬테크리스토"라는 별명으로 불렸다. 무기 판매를 위해서라면 그 어떤 수단도 가리지 않았던 그는 노르덴펠트의 고물 잠수함을 그리스, 터키, 러시아에 파는가 하면, 당시 압도적인 맥심 기관총을 제치고 오스트리아에 '오르간총'을 판매하기도 했다. 자하로프는 특히 언론을 이용해 국가간 군사적 대립을 조장하는 일과 뇌물을 주는 일에 통달한 달인이었으며, 대놓고 적국에게 무기를 파는 악명 높은 무기중개상이었다.

을 받기 위해 종종 직접 불을 내기도 했다. 자하로프가 수행한 역할이 바로 불을 지르는 '방화자'였다.

이후 키프로스와 서아프리카에서 소총 등 무기 중개를 하던 자하로프는 1877년 스웨덴 무기회사 노르덴펠트^{Nordenfelt}의 아테네 주재 세일즈맨이 되었다. 자하로프가 어떠한 인물인지 잘 보여주는 다음 일화를 보자. 당시 노르덴펠트는 수중에서 어뢰발사가 가능한 잠수함을 세계 최초로 개발했다. 자하로프는 1886년 먼저 2척을 그리스에 팔았다. 그런 후 그리스 잠수함이 커다란 위협이라며 터키를 구슬렸다. 터키는 2척을 샀다. 이어, 그리스와 터키가 잠수함을 갖고 있어서 흑해가 위험해질 수 있다며 러시아에게 알렸다. 러시아도 2척을 샀다.

문제는 자하로프가 판 노르덴펠트 잠수함이 작동하지 않는 고물이었다는 점이다. 어뢰 수중발사는 둘째치고 추진계통이 불안정해 잠항 상태로 항진이 거의 불가능했다. 실제로 터키에 판 첫 번째 잠수함 압둘 하미드Abdül Hamid는 어뢰발사 시험 중 뒤집어져 침몰했다.

자하로프에 대한 또 다른 일화를 보자. 1886년부터 1888년까지 자하로프는 노르덴펠트가 개발한 일명 '오르간총'을 팔려고 했다. 오르간총은 총신을 수평으로 병렬 연결해 파이프오르간처럼 보이는 총이다. 오르간총이 경쟁해야 할 상대는 맥심 기관총이었다. 맥심 기관총은 모든 면에서 오르간총을 압도했다.

자하로프는 전혀 굴하지 않았다. 이탈리아에서 벌어진 공개비교시험에서 맥심 직원이 나타나지 않아 간단히 이겼다. 전날 도착한 맥심 사람들을 누군가가 술과 여자로 정신을 잃게 만들었기 때문이다. 오스트리아에서 치른 공개시험에서는 맥심 기관총을 누군가 일부러 망가뜨려놓았다. 재개된 시험에서 맥심 기관총이 위력을 발휘했지만, 오스트리아는 오르간총을 선택했다. 맥심 기관총은 대량생산이 안 되고, 복잡해서 사용법을 훈련시키는 데 수년 이상 걸린다는 등 자하로프가 퍼뜨린 흑색선전이 먹힌 탓이었다. 자하로프의 술수에 진절머리가 난 맥심은 1888년 노르덴펠트와 합병했다. 자하로프는 이제 맥심-노르덴펠트의 중개상으로 변신했다.

자하로프는 특히 두 가지 일에 통달한 달인이었다. 언론을 이용해 국가간 군사적 대립을 조장하는 일과 뇌물을 주는 일이었다. 맥심-노르덴펠트의 주요 경쟁사들은 무기를 팔 때 가격을 싸게 할수록 팔 가능성이 높아진다고 생각했다. 독창적인 자하로프는 달리 생각했다.

무기 가격을 경쟁사의 2배로 올리는 대신 뇌물을 먹이고 3배 물량을 받아내는 식이었다.

자하로프의 악명 높은 활약을 눈여겨보던 영국 무기회사 비커스 Vickers는 1897년 아예 맥심-노르덴펠트를 사버렸다. 자하로프를 자신들의 무기중개상으로 이용하기 위해서였다. 자하로프는 1899년 보어전쟁과 1904~1905년 러일전쟁에서 양측 모두에게 무기를 팔았다. 보어전쟁이 영국과 트란스발 공화국 간의 전쟁이었음을 감안하면 대놓고 적국에게 무기를 판 셈이었다. 당시 영국 수상 로이드 조지Lloyd George는 자하로프의 파렴치한 행태를 처음에는 문제시했지만, 이내 그마저도 구워삶아졌다.

1914년에 발발한 제1차 세계대전에서도 자하로프의 행태는 여전했다. 전쟁 직전은 물론이거니와 전쟁 개전 후인 1915년에도 적국에 무기를 팔았다. 자하로프는 적국에 대한 무기판매를 다음과 같은 말로 정당화하려 했다. "다른 나라에 무기를 파는 회사가 그들의 실제 군사력과 함대 전력을 가장 잘 알 수 있다." 다시 말해, 적국에 대한 무기 판매는 정보와 기밀을 획득하기 위한 수단이라고 주장했다.

온갖 이적행위에도 불구하고 영국 왕실은 영국정보부 사업에 공이 크다며 자하로프에게 기사 작위를 주었다. 심지어는 제1차 세계대전을 끝내기 위한 평화교섭의 자문역으로 임명했다. 자하로프는 협상이 타결되려고 할 때마다 전쟁이 계속되도록 교섭을 방해했다. 어느 누구도 부럽지 않은 호사스러운 삶을 누리던 자하로프는 1936년 모나코에서 죽었다.

CHAPTER 16
뇌물과 부패에 대한 경제학적 이론

● 4부까지 최선의 무기를 고르기 위한 여러 이론을 살펴봤다. 그러나 그게 전부가 아니다. 앞에 나온 모든 이론들을 단번에 무용지물로 만드는 강력한 원리가 있어서다. 바로 뇌물의 원리다. 안타깝지만 뇌물이 무기 선정에 영향을 미친 사례는 어렵지 않게 찾을 수 있다. 알고 보면, '부패가 아예 개입되지 않은 경우가 단 한 번이라도 있었을까?' 하는 생각이 들기까지 한다.

부패와 뇌물은 경제 영역 어디서나 발견할 수 있다. 역사적으로도 뇌물의 뿌리는 깊고도 깊다. 구약성경 신명기에는 "너희는 뇌물을 받아서도 안 된다. 뇌물은 지혜로운 이들의 눈을 어둡게 하고, 의로운 이들의 송사를 뒤엎어버린다"는 말이 나온다. 이는 구약성경이 기록된 시기에 이미 뇌물이 존재했다는 증거다.

공식적인 경제학은 대체로 뇌물을 무시한다. 스웨덴 경제학자 군나르 뮈르달Gunnar Myrdal이 "부패는 연구주제로서 (경제학자들 사이에) 거의 금기시된다"고 말할 정도다. 사실 전통적으로 부패는 경제학자보

●●● 뇌물의 사전적 정의는 "매수할 목적으로 주는 부정한 돈이나 물건"이다. 호의를 가장하지만 무언가 다른 대가를 바라고 준 돈이라는 뜻이다. 뇌물을 줄 때 뇌물제공자는 뇌물을 주는 행위가 '경제적으로 이익'이라고 판단하기 때문에 준다. 다시 말해, 뇌물을 줌으로써 얻을 수 있는 이익이 뇌물 제공에 수반된 비용보다 크다고 생각한다.

다는 정치학자나 사회학자의 관심사였다. 정치와 무관한 경제학을 표방하는 요즘 경제학자들에게 뇌물은 애써 눈감고 싶은 주제였을지도 모를 일이다. 뇌물과 부패를 주제로 한 경제학 책은 여전히 찾아보기 어렵다.

뇌물을 좀 더 공식적으로 정의해보자. 뇌물의 사전적 정의는 "매수할 목적으로 주는 부정한 돈이나 물건"이다. 호의를 가장하지만 무언가 다른 대가를 바라고 준 돈이라는 뜻이다. 물론 돈이 오고 갔다고 해서 무조건 뇌물은 아니다. 물건을 사고 판 정상적인 거래에서도 돈은 오고 간다. 하지만 공정한 시장가격으로 거래하지 않았다면 당장 눈에 띄지 않더라도 뇌물이 오갔을 가능성이 다분하다.

뇌물을 주는 이유를 경제학적으로 분석해보자. 즉, 비용과 이익 관점에서 뇌물을 바라보자. 뇌물을 주지 않았을 때 비용과 이익을 먼저 생각해보자. 이때 최종 손익은 다음과 같다.

손익(제공자, 제공 안 했을 때) = 이익(제공자, 제공 안 했을 때) − 0 = a   (16.1)

뇌물을 주지 않았을 때 비용은 언제나 0이다. 나간 돈이 없기 때문이다. 식 (16.1) 우변의 0은 발생한 비용이 없음을 나타낸다. 반면, 이익은 불확실하다. 아무런 이해관계가 없는 사람이라면 이익도 0이다. 그러나 경우에 따라서 이익이나 손실이 이미 존재할 수 있다. 무기회사를 예로 들자면, 이미 잘 팔리는 무기를 갖고 있거나 혹은 다음번 무기 선정에서 유리한 위치를 점하고 있는 경우 식 (16.1)의 a는 양의 값이다. 한편, 무기가 팔리지 않아서 공장을 놀리고 있거나 개발 중인 무기가 성능이 뒤떨어지고 가격이 비싼 경우, a는 음의 값이다. 어느 쪽이던 간에 잠재적 뇌물제공자가 뇌물을 주지 않았을 때 기본적 손익이 a다.

이제 뇌물을 줄 때 손익을 따져보자. 뇌물제공자 머릿속은 사실 너무나 간단하다. 뇌물을 주는 행위가 '경제적으로 이익'이라고 판단하기 때문에 준다. 다시 말해, 뇌물을 줌으로써 얻을 수 있는 이익이 뇌물 제공에 수반된 비용보다 크다고 생각한다. 뇌물을 줌으로써 얻을 수 있는 제공자 이익을 g라고 정의하자. 한편, 제공자에게 뇌물의 일차적 비용은 뇌물 그 자체다. 이를 b라고 부르자.

제공자에게는 또 다른 이차적 비용이 있다. 그건 뇌물을 준 게 발각되어 처벌될 때 치러야 할 비용이다. 이차적 비용에는 벌금과 같은 금전적 비용도 있지만 감옥에 가야 하는 비금전적 비용도 있을 수 있다. 5장에서 얘기했듯이 비금전적 비용을 돈으로 환산하는 데 정답은 없다. 하지만 적당한 기준을 정해 환산할 수 있다는 전제 하에서 이차적 비용의 합을 e라고 하자. 이를 정리하면 뇌물제공자 손익에 대한 다음 식을 얻는다.

손익(제공자, 제공했을 때) = g − b − e   (16.2)

제공자가 뇌물을 주는 이유는 식 (16.2)가 0보다 크기 때문이다. 좀 더 엄밀하게 얘기하자면, 0보다 클 거라고 믿기 때문이다. 뇌물을 줬을 때 총비용인 b + e보다 이익인 g가 크지 않다면 결코 뇌물을 줄 이유가 없다.

사실, e는 불확실하다. 뇌물을 준 게 밝혀져 처벌받으면 e가 0보다 크지만, 발각되지 않거나 혹은 발각되었더라도 처벌받지 않으면 e는 0이다. 대개 뇌물을 주는 개인과 회사는 e가 0일 거라고 믿는 경향이 있다. 그 경우, 손익은 단순히 g − b로 간주된다. 물론 이때 g는 당연히 b보다 크다. 다시 말해, 가령 1,000억 원 뇌물을 준 게 확인되었다면 뇌물을 준 회사가 얻은 이익은 1,000억 원보다 많다는 얘기다.

뇌물을 주고 그보다 큰 이익을 취하는 방법에는 여러 가지가 있다. 가장 대표적인 방법은 가격을 부풀리는 경우다. 예를 들어, 1대당 정상가격이 400억 원인 전투기 100대를 판다고 해보자. 총 4조 원에 거래해야 하지만 실제로는 50퍼센트 부풀린 6조 원에 거래를 한다. 대신 회사는 약속한 뇌물 6,000억 원을 사가는 쪽 의사결정권자에게 준다. 이 돈은 미리 주기도 하고 거래 후 주기도 한다. 어느 쪽이든 회사는 6,000억 원을 썼지만 결과적으로 1조 4,000억 원을 추가로 남긴 셈이다.

뇌물을 나타내는 단어는 다양하기 그지없다. 가령, 받은 돈 일부를 제3의 계좌로 되돌려주는 뇌물을 일컬어 리베이트 혹은 킥백이라고 부른다. 리베이트^{rebate}는 원래 환불하다 혹은 할인해준다는 뜻을 가진 단어다. 깎아준 돈이 원래 계좌로 돌아가면 정상적인 할인이지만 제3의 계좌로 가면 뇌물이 아닐 수 없다. 온 돈 일부를 발로 차서 되돌려 보낸다는 뜻인 킥백^{kickback}은 뇌물이 제공되는 상황을 상징적으로 보여준다. 이외에도 "돈을 뒤로 몰래 주는 손"이라는 뜻을 가진 백핸더 ^{backhander}는 글자 그대로 뒷돈을 의미한다.

이제까지 뇌물 주는 쪽 입장을 살펴봤다면 지금부터는 뇌물을 받는 쪽 입장을 생각해보자. 뇌물은 박수처럼 두 손뼉이 마주쳐야만 일어나는 행위다. 회사가 아무리 주고 싶어도 받겠다는 상대방이 없으면 뇌물은 성립하지 않는다. 뇌물을 받는 사람이 내리는 결정은 뇌물을 주려는 쪽이 가진 의도 이상으로 중요하다.

뇌물을 받는 수뢰자는 입장이 좀 더 단순하다. 기본적으로는 뇌물을 받지 않고 자신에게 주어진 임무를 공정히 처리해야 마땅하다. 뇌물을 받지 않았을 때 경제적 손익은 월급에 그친다. 잠재적 뇌물에 비해 턱없이 작은 기본 상태 손익은 0으로 간주할 만하다.

수뢰자가 뇌물을 받을 때 이익은 제공자가 주는 뇌물, 즉 b와 같다. 한편, 수뢰자에게는 일차적 비용은 있을 수 없고 있다면 오직 이차적 비용만 있다. 수뢰자에게 발생하는 이차적 비용은 제공자가 치르는 이차적 비용 e와 일반적으로 같지 않다. 예를 들어, 제3세계 국가 권력자가 무기회사로부터 뇌물을 받았다고 해보자. 뇌물을 제공한 사실이 발각되어 회사가 처벌을 받더라도 권력자는 아무런 책임을 지지 않을 수도 있다.

또한, 제공자가 부담하는 이차적 비용은 금전적 비용이기 쉬운 반면, 수뢰자가 부담하는 이차적 비용은 주로 신분적 비용이다. 무슨 말이냐 하면 뇌물을 받은 사람이 입게 될 잠재적 손해는 직에서 물러나거나 감옥에 가는 정도다. 실제로도 몇 년 징역 살 각오를 하고 뇌물을 받기도 한다. 감옥 갔다 와서 빼돌렸던 뇌물로 호의호식하는 경우다. 수뢰자가 부담하는 이차적 비용을 j로 정의하면 뇌물 수수로 인한 수뢰자 손익은 다음 식과 같다.

$$손익(수뢰자, 받았을 때) = b - j \tag{16.3}$$

수뢰자가 언제 뇌물을 받겠다고 결심하는지를 식 (16.3)은 잘 보여준다. 즉, 손익이 0보다 클 때, 다시 말해 뇌물 크기 b가 뇌물 수수로 인한 잠재적 비용 j보다 큰 경우 수뢰자는 뇌물을 받는다. 반대로 제안받은 뇌물이 잠재적 비용에 비해 별볼일 없다면 뇌물을 받지 않는다.

경제학자에게 뇌물 얘기를 꺼내면 "아, 그건 ○○입니다"라며 말을 돌린다. ○○이 무엇일지 잘 짐작이 가지 않는다면 주변에 있는 경제학 전공자에게 한번 물어봐도 좋다. ○○은 바로 지대다. 렌트[rent]라는 영어 단어를 번역한 이 말은 본래 의미가 글자 그대로 땅이나 집을 빌려주고 받는 돈이다. 경제학은 수뢰자가 뇌물을 받는 걸 가리켜 '지대 추구'라고 부른다.

땅을 소유한 사람은 자기 땅을 마음대로 할 수 있다. 감자를 심든 옥수수를 심든 소유자가 알아서 할 일이다. 땅이나 집을 쓰지 않고 그냥 놀려도 마찬가지다. 또 다른 사람에게 집을 빌려주는 대가로 월세를 받는 걸 뭐라고 할 수는 없다. 집 주인에게 '집세 추구'는 가치중립적이며 당연하다.

반면, 공직자가 자기 직위를 이용해 뇌물을 받는 행위는 그렇지 않다. 이는 비윤리적이고 불법이다. 그러나 경제학이 보기에 월세와 뇌물은 다르지 않다. 왜냐하면 경제학은 오직 돈만 신경쓰기 때문이다. 그 돈이 합법적인지 불법적인지는 알고 싶지도 않고 알려고 하지도 않는다. 경제학적 분석이란 이처럼 경도되고 불완전한 대상이기 쉽다.

뇌물제공자와 수뢰자가 뇌물을 바라보는 기본적 관점을 지금까지 다뤘다. 이제부터는 그들의 구체적 동기를 드러낼 수 있는 이론적 계단을 그 위에 쌓으려 한다. 뇌물제공자나 수뢰자가 느끼기에 이익이 비용을 능가하여 뇌물을 주고받는다는 사실에는 변함이 없다. 다만, 비용의 불확실성과 생존을 좌지우지하는 경쟁 때문에 새로운 고려사항이 생긴다.

우선, 뇌물제공자가 왜 뇌물을 주는가에 대해 다시 들여다보자. 앞에서는 식 (16.2)가 0보다 큰 경우, 즉 뇌물을 줬을 때 얻을 수 있는 이익 g가 뇌물 자체인 b와 처벌 시 비용 e의 합보다 크면 뇌물을 준다고 했다. 문제는 앞에서도 얘기했듯이 e가 불확실하다는 점이다. e

가 불확실하면 식 (16.2)가 0보다 큰지 작은지도 불확실해진다. 제대로 판단하기가 어렵다는 얘기다.

구체적인 예를 들어보자. 뇌물을 준 것이 발각되면 사법기관에 합의금 5,000억 원을 물어내야 한다. 하지만 발각되지 않으면 아무런 비용도 발생하지 않는다. 이와 같은 두 가지 시나리오가 가능할 때 e를 어떻게 구할 수 있을까?

비용에 대한 기대값을 구하는 것이 한 가지 방법이다. 가령, 발각되어 처벌될 확률이 10퍼센트라면 잠재적 비용 e는 10퍼센트 곱하기 5,000억 원인 500억 원이다. 만약, 이익 g가 4,000억 원이고, 뇌물 b로 2,000억 원을 썼다면 식 (16.2)는 4,000억 원 빼기 2,000억 원 빼기 500억 원으로 1,500억 원이 나온다. 손익이 0보다 크므로 뇌물 제공을 결정하는 셈이다.

위 처벌될 확률을 p라고 하고 처벌되었을 때 물어야 할 돈을 f라고 하면, 식 (16.2)는 다음과 같이 바뀐다.

$$손익(제공자, 제공했을\ 때) = g - b - pf \qquad (16.4)$$

식 (16.4)는 제공자가 느끼는 뇌물 제공으로 인한 잠재적 비용이 수학적 기대값과 같다고 할 때 성립하는 식이다. 그러나 실제로 제공자가 자신이 치러야 할 비용이 pf라고 느낄지는 확실하지 않다. 이를 당연시하는 많은 경제학 책에도 불구하고 평균적 손익 극대화에 반하는 행동을 사람들이 끊임없이 보이기 때문이다.

평균적 손익을 극대화하려는 사람이라면 식 (16.4)가 양의 값을 가질 때만 뇌물을 주고 반대로 음의 값이면 뇌물을 주지 않아야 한다. 즉, 뇌물을 주지 않았을 때 손익을 나타내는 식 (16.1)은 아예 고려 대상이 아니다. 이는 프로젝트 자체 손익이 양의 기대값을 갖는지 아닌지를 보고 프로젝트 수행 여부를 결정해야 한다는 표준적 재무이론과도 일맥상통한다.

그런데 뇌물을 주지 않았을 때 손익이 고려 대상이 되는 경우가 있다. 가령, 뇌물을 주지 않았을 때 손익 a가 마이너스 1,500억 원이라고 해보자. 이유는 팔리는 무기가 하나도 없는 경우에도 공장과 개발 인력을 유지하기 위한 고정비용이 발생하기 때문이다. 숙련된 엔지니어와 테크니션으로 구성된 무기회사 인력은 일단 해고하고 나면 아무 때나 쉽게 구할 수 없다. 즉, 매출이 없어도 일정 금액의 손실은 불가피하다.

위 상황을 염두에 둔 채로 위 수치 예를 다시 검토해보자. 뇌물을 줬을 때 이익 g는 4,000억 원이고, 뇌물 b는 2,000억 원, 처벌되었을 때 물어야 할 돈 f는 여전히 5,000억 원이라고 하자. 단, 처벌될 확률 p가 10퍼센트가 아니라 60퍼센트라고 해보자. 식 (16.4)를 계산하면, 4,000억 원 빼기 2,000억 원 빼기 3,000억 원으로 마이너스 1,000억 원이 나온다. 즉, 손익 기대값을 극대화하는 사람이라면 이 경우 뇌물을 주지 않아야 한다.

그러나 위와 같은 음의 손익 기대값에도 불구하고 뇌물을 주려는 회사가 있을 수 있다. 이유는 처벌될 걸 각오하고서라도 뇌물을 줘야 회사가 망하지 않을 가능성이 생기기 때문이다. 아무것도 하지 않으면 회사는 1,500억 원 손실을 입어 청산되거나 다른 회사에 인수된다. 하지만 뇌물을 주면 일단 4,000억 원이 생기니 고정비용 1,500억 원을 지불하고 뇌물로 2,000억 원을 써도 처벌되기 전까지는 500억 원이 남는다. 그냥 망하는 쪽보다는 40퍼센트 확률로 처벌되지 않을 가능성을 기대하면서 뇌물을 주는 쪽이 계산상 타산이 맞다.

즉, 고정비용 때문에 손익 기대값과 무관하게 회사는 뇌물을 제공하려는 유혹을 더 받는다. 반대로 무기와 무관한 민수용품을 생산해 충분한 돈을 버는 회사는 굳이 뇌물을 제공하면서까지 공장을 돌려야 한다는 절박함을 덜 느끼기 마련이다. 이는 행태경제학이 발견한 손실과 이익에 대해 비대칭적으로 느끼는 사람들의 심리와도 맥이 닿아 있다.

뇌물을 주겠다는 회사 결정에는 또 다른 차원의 동기가 존재한다. 바로 다른 회사들과 벌이는 경쟁이다. 이 책의 전작인 『전쟁의 경제학』에서 다뤘던 게임이론을 동원하면 회사가 처한 상황을 잘 살펴볼 수 있다.

똑같은 입장인 두 회사 백과 흑이 서로 경쟁한다고 하자. 예를 들어, 뇌물을 주지 않고 공정한 경쟁을 벌이면 무기 가격이 내려가 각각 100억 원 이익에 그친다. 반면, 경쟁사가 뇌물을 주지 않을 때 나만 주면 물량을 독차지해 뇌물을 제하고도 1,000억 원 이익을 얻는다. 이 경우, 물량을 전혀 얻지 못한 경쟁사는 2,000억 원 손실을 보고 다른 회사에 인수된다. 마지막으로, 두 회사 모두 뇌물을 썼을 경우 뇌물비용으로 인해 각각 500억 원 손실을 본다고 하자. 위 내용을 정리하면 다음 표를 얻는다.

		흑	
		뇌물 안 줌	뇌물 줌
백	뇌물 안 줌	(1, 1)	(−20, 10)
	뇌물 줌	(10, −20)	(−5, −5)

〈표 16.1〉을 보면, 백과 흑 모두에게 우성대안이 존재함을 확인할수 있다. 그건 바로 둘 다 상대방 결정과 무관하게 뇌물을 주는 쪽이다. 가령, 백의 입장에서 흑이 뇌물을 주지 않은 경우 뇌물 준 쪽의 10이 뇌물을 주지 않은 쪽의 1보다 낫고, 흑이 뇌물을 준 경우에도 뇌물준 쪽의 −5가 뇌물 주지 않은 쪽의 −20보다 낫다. 백과 흑 모두 우성대안을 택한 결과는 둘 다 뇌물을 주지 않은 경우보다도 못하다. 즉, 죄수의 딜레마에 해당하는 상황인 셈이다.

그러면 실제로 무기회사들이 죄수의 딜레마에 처해 모두 망하게 될까? 그렇지 않다는 것이 이 바닥의 아이러니다. 둘 다 뇌물을 쓴 결과손실을 입는 것이 아니라, 이들을 망하게 내버려둘 수 없다는 군부의개입으로 결국 둘 다 이익을 남긴다. 국가가 지불하는 무기 가격을 올려 손실을 보전해준다는 얘기다. 결국, 부정한 행위는 무기회사가 저질렀지만 비용은 다시 국민 차지다. 그 과정에서 소수의 권력자는 위법한 사적 이익을 챙긴다. 이래저래 무기 가격과 무기 시장이 복마전일 수밖에 없는 이유다.

뇌물제공자와 수뢰자 입장을 굳이 지면을 들여 설명한 까닭은 그들에게 면죄부를 주기 위해서가 아니다. 그보다는 어떻게 하면 뇌물을 안 주고 안 받게 할 수 있을까 하는 힌트를 얻기 위해서다.

회사가 뇌물을 주면 안 되겠다고 판단하도록 만들 방안은 이미 식 (16.2)와 식 (16.4)에 다 나와 있다. 첫째는 무기 판매로 인한 이익 g를 통제하는 방안이다. g가 크고 확실할수록 회사가 뇌물을 쓸 여지가 커진다. 회사가 제시한 비용에 대해 일정 비율을 이익으로 보장해주는 방식은 뇌물 제공 유인을 높이기에 좋지 않다.

그러나 역시 결정적인 부분은 처벌되었을 때 치러야 할 비용 e다. 이를테면, 적발과 처벌 확률을 높이고, 또한 처벌 시 비용을 대폭 높일 필요가 있다. 다시 말해, 뇌물을 줬다가는 결국 잡히게 되고, 또 잡히게 되면 아예 회사가 망할 수준으로 벌금을 물거나 군 납품이 금지된다고 생각하게 만들어야 한다는 얘기다.

안타깝게도 현실은 그렇게 희망적이지 못하다. 우선 적발되어 처벌받는 확률 p가 높지 않다. 게다가 뇌물 제공에 대해 가장 엄격한 입장을 갖고 있는 서구권 국가에서도 발각된 후 지불하는 비용 f가 대개 뇌물 제공에 따른 이익 g보다 작다. 줘도 안 잡히기도 하고 설혹 잡히더라도 이익 일부를 토해내는 데 그친다면 경제적 관점에서 뇌물을 주지 않을 이유가 없다.

설혹 어떤 한 나라가 뇌물 제공을 철저하게 금지한다고 하더라도 문제가 다 해결되지는 않는다. 자국 일자리와 산업을 육성한다는 미명 하에 수출에 관련된 뇌물에 대해서는 적당히 눈감아주는 경우도 적지 않다. 모든 국가가 동일한 방침을 채택하지 않는 한 먼저 앞서 나간 국가는 혼자 불리함을 면할 수 없다.

자국이기주의 때문에 뇌물 주는 쪽을 막는 것이 한계가 있다면 이제 남은 희망은 뇌물을 받는 쪽에 있다. 아무리 회사가 뇌물을 주려고 해도 뇌물을 받는 쪽이 거부한다면 뇌물로 인한 부정과 비효율은 발생하지 않는다.

식 (16.3)이 드러내듯, 뇌물 크기 b보다 수뢰로 인한 잠재적 비용 j가 크다고 느끼면 뇌물을 받지 않는다. 앞에서와 마찬가지로 여기서도 처벌될 확률과 처벌 강도 상향이 유일한 해결책이다. '받아도 걸리지 않으면 그만이다'라고 생각하는 사람을 뿌리 뽑지 않는 한 뇌물은 사라지지 않는다.

무기회사가 주는 뇌물에 대해 세계에서 가장 엄격한 나라는 아마도 미국일 것이다. 미국은 1934년 증권거래소법과 1977년 해외부패행위법을 제정하여 미국 외 다른 나라 공무원 등에 대한 모든 향응과 뇌물 제공을 불법으로 규정했다. 미 의회가 해외부패행위법을 제정한 배경에는 2장에서 언급했던 '록히드 사건'이 있었다. 구멍이 없지 않지만 해외부패행위법 때문에 미국 회사들은 노골적인 뇌물 제공을 꺼린다.

그러나 그런 미국조차도 완벽하지는 않다. 2011년 10월에 체포된 케리 칸^{Kerry F. Khan}과 그 일당이 저지른 뇌물 사건은 수뢰자가 느끼는 잠재적 비용 j가 어떻게 뇌물 크기 b에 비교되는지를 보여주는 실례다. 이들이 뇌물을 받았다는 사실은 j가 b에 비해 작다고 느꼈음을 증명한다.

미 육군 공병대 프로그램 매니저였던 케리 칸은 2007년부터 2011년까지 자신과 연관된 회사 계약금액을 인위적으로 320억 원 이상 부풀렸고, 그중 120억 원을 킥백으로 받아 챙겼다. 잡히기 직전에는

1조 원 규모 계약을 관련 업체로 돌리기 위한 작업이 막바지 상태였고, 퇴직 후에도 자기 아들이 자기 역할을 이어받아 뇌물을 챙길 수 있도록 작업 중이었다. 미국 법원은 칸에게 19년 7개월의 징역형과 미 육군 공병대에 끼친 손해액 325억 원을 물어낼 것을 선고하고 개인 재산 전체를 몰수했다.

CHAPTER 17
승자는 호크와 그리펜, 그렇다면 패자는?

● 27년간 기약 없는 감옥생활을 했던 넬슨 만델라^{Nelson Mandela}는 1994년 남아프리카 공화국 최초의 흑인 대통령으로 선출되었다. 전 세계는 남아프리카의 인종차별정책, 즉 아파르트헤이트^{Apartheid}의 시대가 끝났음을 기뻐했다. 흑인의 권리를 인정하지 않는 아파르트헤이트는 1948년 남아프리카 공화국이 수립된 이래로 50년 가까이 유지된 백인들의 정책이었다. 그랬던 백인들이 평화적으로 정권을 이양하고 보유 중인 핵무기도 해체했으니 평화를 바라는 온 세계 사람들의 희망과 기대는 부풀어올랐다. 물론 그중에는 다른 종류의 희망과 기대를 가진 사람들도 있었다.

남아프리카 공화국은 꽤 복잡한 이력을 갖고 있다. 원주민으로부터 최초로 땅을 뺏은 이들은 네덜란드 사람들이었다. 이들은 보어^{Boer}라고도 불렸는데, 네덜란드말로 보어는 농부를 뜻한다. 1806년 영국은 군사력으로 보어 식민지를 제압하고 이곳을 케이프 식민지라고 명명

268 무기의 경제학

했다. 영국은 케이프 식민지 내에서 네덜란드어 사용을 금했다. 그러자 보어들은 해안가를 버리고 내륙으로 들어가 나라를 몇 개 세웠다. 1837년에 세워진 트란스발 공화국Republic of Transvaal과 1852년에 세워진 오렌지 자유국Orange Free State이 대표적이다.

애초 영국은 보어 공화국들을 독립된 국가로 인정했다. 그러나 이 지역에서 1867년과 1884년 다이아몬드와 금이 각각 발견되면서 영국은 다시 영토적 야심을 드러냈다. 1880~1881년 1차 보어전쟁에서 게릴라 전술을 펼친 보어 공화국들은 영국군을 물리쳤지만, 1899~1902년 2차 보어전쟁에서는 50만 명 가까운 병력을 동원한 영국에게 결국 무릎을 꿇고 말았다. 그럼에도 불구하고 크루프 야포와 맥심-노르덴펠트 37밀리미터 폼폼포Pom-Pom Gun, 그리고 최신식 마우저Mauser 1895년 소총으로 무장한 보어들은 영국군에게 적지 않은 피해를 안겼다. 보어전쟁은 개신교 국가들 간에는 서로 전쟁하지 않는다는 신화도 깨뜨렸다.

이런 이력이 있기 때문에 제2차 세계대전 종전 후 수립된 남아프리카 공화국의 백인들은 영국에 대해 복잡미묘한 감정을 느꼈다. 결코 우호적이지 않은 이들의 감정을 엿볼 수 있는 근거는 그동안 남아프리카가 구매한 무기였다. 1994년 이전 남아프리카 공군에는 아틀라스Atlas가 생산한 임팔라Impala와 치타Cheetah, 그리고 이스라엘이 만든 네셔Nesher가 있었다. 아틀라스는 남아프리카 항공기생산회사로서 1992년에 새로 설립된 데넬Denel에 흡수될 때까지 여러 군용기를 면허생산했다. 임팔라는 이탈리아 아에르마키Aermacchi MB-326의 현지 생산형이고, 치타는 이스라엘이 개발한 크피르Kfir를 개량한 전투기다.

Atlas Impala

Atlas Cheetah

●●● 1994년 이전 남아프리카 공군에는 아틀라스가 생산한 임팔라(위)와 치타(아래), 그리고 이스라엘이 만든 네셔가 있었다. 아틀라스는 남아프리카 항공기생산회사로서 1992년에 새로 설립된 데넬에 흡수될 때까지 여러 군용기를 면허생산했다. 임팔라는 이탈리아 아에르마키 MB-326의 현지 생산형이고, 치타는 이스라엘이 개발한 크피르를 개량한 전투기다. 이 중 남아프리카의 실질적인 주 전력은 임팔라였다. 훈련기와 공격기로 동시에 사용되는 MB-326은 10개국 이상이 구매했고, 다재다능한 성능을 인정받아 브라질과 오스트레일리아도 면허생산했을 정도로 성공적인 군용기였다.

남아프리카가 보유한 핵무기와 관련이 있다고 짐작되는 이스라엘 항공기를 제외하면, 남아프리카의 실질적인 주 전력은 임팔라였다. 훈련기와 공격기로 동시에 사용되는 MB-326은 10개국 이상이 구매했고, 다재다능한 성능을 인정받아 브라질과 오스트레일리아도 면허생산했을 정도로 성공적인 군용기였다. 직수입과 면허생산을 합쳐 250기 이상 운용된 임팔라는 초음속 비행은 불가능하지만 원시적인 남아프리카 공항에서 재빨리 이착륙하기에 적합했다. 또한, 1985년 국경분쟁에서 임팔라는 Mi-17 힙Hip과 Mi-24 하인드Hind를 6대 격추하는 전과를 거둘 정도로 유용했다. 당시 격추된 소련제 헬리콥터들을 전투기 미그-21이 엄호하고 있었지만 극저공으로 비행하는 임팔라에게 속수무책으로 당했다.

1994년 흑백통합정권이 수립된 이후, 인종차별을 뿌리 뽑고 사회적 통합을 이뤄내는 것이 남아프리카의 당면과제였다. 당연히 이에는 적지 않은 돈이 필요했기에 기존 분야에 대한 예산 축소가 절실했다. 그중 대표적인 분야가 국방비였다. 과거 주변국가들과 적대적 관계를 유지한 탓에 남아프리카 공화국의 국방비는 과도하게 높았다. 핵무기도 너 죽고 나 죽자 식의 최후 보루로서 보유해왔다. 이제 적대적 관계는 사라졌고 핵무기도 포기한 마당에 국방비를 예전처럼 쓸 아무런 이유가 없었다.

그럼에도 불구하고 전 세계 무기회사들은 "포기한 핵무기를 대신해 재래식 전력을 대폭 증강하고 현대화해야 한다"며 마케팅에 열을 올렸다. 특히, 영국 무기회사 브리티시 에어로스페이스^{British Aerospace}가 적극적이었다. 그동안 남아프리카 백인 정부가 가진 반감으로 인해 무기 수출에 별다른 성과를 거두지 못했던 영국은 흑백통합정부 출범을 새로운 기회로 여겼다. 영국 방위수출협회는 만델라가 대통령으로 뽑히기도 전인 1993년 남아프리카 유력인사들을 영국으로 초청했다. 그중 한 사람이 1994년 남아프리카 국방장관이 되었다.

무기 판매를 위한 영국의 노력은 회사 차원을 넘어섰다. 영국 수상 존 메이저^{John Major}는 1994년 9월 남아프리카를 방문했다. 영국 무기를 사주면 좋겠다는 의사를 만델라에게 직접 전달하기 위해서였다. 영국 공무원들은 집권당인 아프리카국립회의와 주로 백인들로 구성된 군부에 영국 무기 구입이 정치자금과 개인적 부를 얻는 데 유용하

●●● 1994년 흑백통합정권이 수립된 이후, 남아프리카 공화국은 인종차별을 뿌리 뽑고 사회적 통합을 이루기 위해 적지 않은 돈이 필요했기에 기존 분야에 대한 예산 축소가 절실했다. 그중 대표적인 분야가 국방비였다. 그럼에도 불구하고 전 세계 무기회사들은 "포기한 핵무기를 대신해 재래식 전력을 대폭 증강하고 현대화해야 한다"며 마케팅에 열을 올렸다. 특히, 영국 무기회사 브리티시 에어로스페이스가 적극적이었다. 심지어 영국 수상 존 메이저(사진)는 영국 무기를 사주면 좋겠다는 의사를 만델라에게 직접 전달하기 위해서 1994년 9월 남아프리카를 방문하기까지 했다.

다고 역설했다. 영국 여왕 퀸 엘리자베스 2세$^{Elizabeth\ II}$도 1995년 3월 남아프리카를 6박7일로 찾았다.

당시 무기 구매에 관한 남아프리카 의사결정체계는 3단계로 이루어져 있었다. 1차적으로 군인과 공무원 그리고 관련 전문가로 구성된 기술위원회가 평가하고, 2차적으로 국방장관이 주관하는 무기획득협의회가 심의하고, 마지막으로 부통령이 주관하는 장관회의에서 최종 결정을 내리는 방식이었다.

영국이 팔고 싶은 무기는 아음속 훈련기 호크^{Hawk}였다. 전망은 결코 밝지 않았다. 남아프리카 공군은 임팔라를 대치할 기종에 대한 요구

BAE Systems Hawk

Saab JAS 39 Gripen

●●● 남아프리카 공군은 임팔라를 대치할 기종에 대한 요구조건으로 훈련기와 전투공격기로 모두 사용 가능한 단일 기종 선정을 공식화했다. 남아프리카 공군의 요구조건에 대해 브리티시 에어로스페이스는 스웨덴 무기회사 사브와 컨소시엄을 구성했다. 호크는 원래 훈련기로 개발되었지만 경공격기 역할도 수행할 수 있었다. 그런데도 브리티시 에어로스페이스는 사브를 끌어들여 훈련기로는 호크를 구매하고 전투기는 사브 그리펜을 구매하라는 제안서를 공동으로 남아프리카 공군에 제출했다. 다른 후보기종에 비해 평가 점수가 낮았으나 영국과 스웨덴 컨소시엄만 전투기 구매에 대한 자금지원계획을 제출하고 남아프리카가 무기를 사주는 대신 또 다른 경제적 이익을 제공해주겠다는 추가적 오프셋(절충교역)을 영국이 제안하자, 1999년에 마침내 남아프리카는 그리펜과 호크 구입 계획을 공표했다.

조건으로 훈련기와 전투공격기로 모두 사용 가능한 단일 기종 선정을 공식화했다. 국방비를 줄일 필요가 있는 남아프리카로서 여러 기종 구입은 결코 경제적으로 정당화될 수 없었다.

남아프리카 공군의 요구조건에 대해 브리티시 에어로스페이스는 스웨덴 무기회사 사브Saab와 컨소시엄을 구성했다. 호크는 원래 훈련기로 개발되었지만 경공격기 역할도 수행할 수 있었다. 그런데도 브리티시 에어로스페이스는 사브를 끌어들였다. 훈련기로는 호크를 구매하고 전투기는 사브 그리펜Gripen을 구매하라는 제안서를 공동으로 남아프리카 공군에 제출했다.

이쯤에서 브리티시 에어로스페이스라는 회사에 대해 좀 더 알아보도록 하자. 제1차 세계대전이 끝난 후 연합국은 세계 평화를 유지하려면 무기회사가 취하는 이익과 영향력을 통제하지 않으면 안 된다는 인식을 뼈저리게 공유했다. 무기회사에 대해 특히 비판적이었던 미국 대통령 우드로 윌슨Woodrow Wilson이 전 세계적인 공조를 주도했지만 실제적인 조치는 별로 취해지지 않았다. 그럼에도 불구하고 전쟁을 혐오하는 전반적인 분위기 속에 무기회사들의 수익성은 나빠질 수밖에 없었다. 1897년 경쟁사인 휘트워스Whitworth와 합병했던 암스트롱은 1927년 영국 내 또 다른 경쟁사 비커스와 합병해 비커스-암스트롱스가 되었다. 파산 지경에 이른 두 회사를 내버려둘 수 없었던 영국 정부의 결정에 의해서였다.

영국 정부는 이들 무기회사가 누리던 예전 관행을 인정할 생각은 추호도 없었다. 회사 이익을 철저히 통제했고 외국에 대한 수출도 제한했다. 쉽게 돈 버는 일에 익숙해져 있던 비커스를 비롯한 영국 무기회사들은 납기를 지연하고 불량품을 내버려두는 식으로 저항했다. 이에 완전히 열 받은 영국 공군장관은 영국 회사를 배제하고 이름 없던 미국 회사에 대량 주문을 줬다. 1943년까지 2,941기가 생산된 록히드 대잠폭격기 허드슨Hudson은 그렇게 탄생했다.

제2차 세계대전이 끝나자 그나마 웰링턴Wellington 같은 폭격기나 발렌타인Valentine 같은 전차 등으로 명맥을 유지하던 비커스-암스트롱스는 더 이상 일류 무기회사가 아니었다. 영국 정부는 이번에도 여러 무기회사 간 합병을 주도했다. 1960년 비커스-암스트롱스 항공기 부문이 분사되어 다른 세 항공기회사와 합병해 영국항공기회사BAC가 되었다. 이마저 파산이 우려되자 영국 정부는 항공기회사 두 곳을 더 붙여 1977년 브리티시 에어로스페이스를 설립했다. 브리티시 에어로스페이스는 1999년 마르코니 일렉트로닉스Marconi Electronics와 합병하여 BAE 시스템스가 되었다. 사실 현재 BAE의 가장 큰 고객은 미국 국방부일 정도로 영국 회사라는 정체성은 예전보다 많이 약해졌다. 그러나 뿌리를 찾아 올라가면 암스트롱과 자하로프의 후신임을 부인할 수는 없다.

알고 보면 당시 BAE와 사브는 서로 끈끈한 사이였다. 일례로, 보포르스 대포 부문은 2000년에 M2/M3 브래들리Bradley를 생산하는 미국 무기회사 유나이티드 디펜스United Defense에 인수되었다. BAE는 그런 유나이티드 디펜스를 2005년 약 4조 원에 인수했다. 보포르스 모그룹을 1999년에 인수한 사브는 원래 보포르스 전체를 갖고 있었다. 2000년 유나이티드 디펜스에 대포 부문을 팔 때, 미사일 부문은 그대로 남겼다. 다시 말해, BAE와 사브는 보포르스를 의좋게 나눠 가진 사이였다.

사브로서는 호크/그리펜 조합에 대한 브리티시 에어로스페이스의 제안을 마다할 아무런 이유가 없었다. 그리펜은 훈련기로 쓰기에는 너무나 고성능 전투기였다. 따라서 단독으로 입찰할 재간이 없었다. 그러니 컨소시엄을 통해 몇 대가 되었건 남아프리카에 팔 수 있다면 좋은 일이었다. 스웨덴 수상도 남아프리카를 방문해 세일즈를 펼쳤다.

이런 모든 노력에도 불구하고 호크/그리펜에 대한 제안서는 남아 프리카 공군 기술위원회 심사를 통과하지 못했다. 애초부터 통과될 수 없는 제안서였다. 왜냐하면 단일 기종을 획득한다는 첫 번째 전제 조건부터 충족시키지 못해 자동적으로 실격이었다. 임팔라를 몰던 조종사들에게 갑자기 새로운 두 종류 항공기를 익히라는 요구는 아무래도 무리였다. 게다가 가격을 생각하면 호크/그리펜 조합은 더욱 설 땅을 잃었다. 호크 대당 가격은 약 288억 원에 달했고, 그리펜 대당 가격은 300억에서 600억 원 사이였다.

남아프리카 공군 기술위원회는 평가를 통과한 여러 후보기종을 무기획득협의회에 보냈다. 그중 하나가 아에르마키 신형 기종 MB-339였다. 최대시속 898킬로미터와 항속거리 1,760킬로미터를 가진 MB-339는 최대시속이 1,000킬로미터에 달하고 항속거리도 2,520 킬로미터인 호크에 비해 열세로 보였다. 하지만 기존 임팔라에서 입증됐듯이 공격기로서 활용도가 높다는 점을 감안하면 성능 수치상 드러난 표면적 열세는 그렇게 큰 차이는 아니었다.

결정적으로 MB-339는 가격이 83억 원에 불과했다. 호크에 비해서는 29퍼센트, 그리펜에 비해서는 더욱 낮은 가격비율이었다. 예전보다 국방비를 줄여야 하는 남아프리카 상황을 감안하면 정답은 뻔해 보였다.

그러나 무기획득협의회를 주관하는 남아프리카 국방장관은 기술위원회 평가를 없던 일로 만들어버렸다. 이대로 가면 결론이 뻔하니 아예 애초에 정한 기술적 요구사항을 뒤집으라고 명령했다. 1997년 11월, 남아프리카 공군은 단일 기종이 필요하다는 당초의 계획을 무효

화하고 이제는 2개 기종이 필요하다고 대외적으로 공표했다. 그 2개 기종은 말할 것도 없이 훈련기와 전투기였다. 옷을 몸에 맞추는 게 아니라 몸을 옷에 맞추는 격이었다. 이제 영국과 스웨덴은 제대로 된 제안서를 낼 수 있는 자격을 갖게 되었다.

경기 규칙을 유리하게 바꿔놓고도 영국과 스웨덴의 전망은 여전히 어두웠다. 남아프리카 공군 기술위원회는 각 후보기종별 비용-효과 분석 결과, 호크와 그리펜을 각각 가장 열등한 비행기로 평가했다. 다시 말해, 훈련기에서 최하점을 받은 비행기가 호크였고, 전투공격기에서 꼴찌를 차지한 기종이 그리펜이었다. 기술위원회가 뽑은 최선의 훈련기는 MB-339였고, 최선의 전투공격기는 다임러-벤츠 에어로스페이스Daimler-Benz Aerospace AT-2000이었다. 각 범주에서 호크와 그리펜은 제일 비싼 기종이었다.

다임러-벤츠를 보통은 자동차회사로 생각하지만 항공 부문도 오랜 역사를 갖고 있다. 1989년에 설립된 다임러-벤츠 에어로스페이스의 전신은 메서슈미트Messerschmitt, 도르니어Dornier, 포케-불프Focke-Wulf, 하인켈Heinkel 등이었다. AT-2000은 아직 시제기에 불과했지만 초음속 훈련기와 공격기 양쪽으로 활용될 수 있다고 기대되었다. 나중에 다임러-벤츠 에어로스페이스는 프랑스 아에로스파시알-마트라Aérospatiale-Matra와 스페인 카사CASA와 합쳐 여객기 에어버스Airbus를 생산하는 EADS가 되었다.

그러자 새로운 조건이 추가되었다. 바로 파이낸싱이었다. 무기획득 협의회는 오직 영국과 스웨덴 컨소시엄만 전투기 구매에 대한 자금지원계획을 제출했다고 선언했다. 파이낸싱은 가중치가 무려 33퍼센트였고, 이로 인해 영국과 스웨덴 컨소시엄은 여기서 압도적으로 점수 차를 벌렸다. 이제 전투기 범주에서 그리펜은 1등으로 올라섰다. 흥미롭게도, 나중에 남아프리카 감사관들은 파이낸싱을 포함한 제안서를 내라고 다른 업체들에게도 통보했다는 증거를 발견할 수 없었다. 즉, 요구받은 적이 없어서 다른 업체들은 낼 방법이 없었다는 얘기였다.

그리펜은 구제되었지만 여전히 호크는 자기 범주에서 꼴찌였다. 이윽고 국방장관은 훈련기 평가항목에서 가격을 아예 빼버렸다. 얼마가 들던 상관없다는 식이었다. 흑백통합정부가 들어선 이래 가장 큰 돈이 나가는 정부계약이었지만 아랑곳하지 않았다. 그렇게 가격을 무시하고도 호크는 순위가 훈련기에서 여전히 1등이 아니었다.

호크 순위를 최종적으로 1위로 만든 주역은 바로 상계거래라고도 불리는 오프셋offset, 즉 절충교역이었다. 남아프리카가 무기를 사주는 대신 다른 경제적 이익을 제공해달라는 절충교역은 원래 제안서에서도 요구사항으로 나와 있었다. 차이점은 기존에 제출한 내용 외에 추가적인 오프셋을 제안하라고 영국에게 요구했다는 점이다. 다른 업체는 그러한 요구를 물론 받지 못했다. 결과적으로 영국은 다른 업체가 1이면 10에 해당하는 절충교역을 제안했다. 호크는 결국 훈련기로 최종 선정되었다.

만델라가 대통령에서 물러난 1999년, 마침내 남아프리카는 대규모 무기구입 계획을 공표했다. 그리펜과 호크는 공식적인 절차에 따라 선정되는 영광을 안았다. 그리펜 구입 대수는 26기로 결정되었다. 단좌인 그리펜 C가 17기, 복좌인 그리펜 D가 9기였다. 그리펜은 2008년 4월부터 인도가 시작되어 2018년 현재 26기 전체에 대한 인도가 완료되었다.

고등훈련기로 낙점된 호크 구입 대수는 그리펜보다도 적은 24기였다. 호크는 그리펜과는 달리 전량 완제품으로 수입되지 않고 데넬이 BAE와 공동 생산하기로 결정되었다. 2004년 데넬은 면허생산을 개시해 2015년 1월 데넬 생산 호크의 최초비행에 성공했다. 치타와 네셔를 제외하고도 임팔라만으로 250기 이상의 편대를 운용하던 남아프리카 공군은 수적 전력이 거의 10분의 1로 줄었다. 물론 수가 전부는 아니기에 실제 전투력이 줄었다고 얘기하기는 섣부를 수 있다.

남아프리카가 발표한 쇼핑 바구니에는 그리펜과 호크 말고 다른 무기도 있었다. 남아프리카 해군은 만재배수량 3,400톤인 밸로급 프리깃함 4척을 블롬 운트 포스Blohm und Voss에 발주하기로 했다. 블롬 운트 포스 메코 A-200급을 남아프리카 해군용으로 개량한 결과가 밸로급이다. 독일 조선사인 블롬 운트 포스는 제2차 세계대전 때 전함 비스마르크Bismarck와 중순양함 히페르Hipper를 건조했던 회사로 티센크루프ThyssenKrupp 자회사기도 했다. 티센크루프는 독일 제철회사 티센Thyssen과 예의 크루프Krupp가 1999년 합병해 생긴 회사다.

남아프리카 해군을 위한 또 다른 품목은 잠수함이었다. 남아프리카 해군은 독일 209/1400급 잠수함을 3척 구입했는데, 이 잠수함의 배수량은 한국 해군이 9척 보유한 장보고급, 즉 209/1200급보다 300톤가량 큰 1,586톤이다. 209급을 디자인한 독일 조선사 호발트스베르케Howaldtswerke는 제2차 세계대전 때 독일 해군 주력 유보트 7형을 생산했다. 말할 필요도 없이 호발트스베르케도 블롬 운트 포스처럼 티센크루프 자회사다.

이외에도 이탈리아 아구스타^{Agusta}로부터 A109 30대를 구입했다. 5대는 직접 수입하고 25대는 데넬이 조립하는 조건이었다. 아구스타 도입 전에 이미 남아프리카 공군에게는 다양한 범용 헬리콥터가 있었다는 점이 흥미롭다. 이를테면, 프랑스 아에로스파시알 푸마를 개조한 아틀라스 오릭스$^{Atlas Oryx}$, 독일 메셔슈미트-뵐코프-블롬$^{Messerschmitt-}$$_{Bölkow-Blohm}$과 일본 가와사키^{川崎}가 공동으로 개발한 BK 117, 영국 웨스트랜드 슈퍼 링크스 300$^{Westland Super Lynx 300}$을 이미 보유하고 있었다.

이 모든 무기 쇼핑은 표면적 비용으로 당시 돈 3조 원 정도가 들었다. 나중에 발생할 유지보수계약비용을 포함하면 최소 7.5조 원 이상으로 늘어날 터였다. 당시 남아프리카 집권당 국회의원 한 사람은 무기구입비용에서 3,000억 원 이상이 중개수수료와 뇌물로 쓰였다고 고발했다가 의원직을 박탈당하곤 외국으로 망명했다.

시간이 지난 후 남아프리카 통상산업부는 영국이 제공한 오프셋을 검토한 결과 숫자가 지나치게 부풀려졌음을 발견했다. 실제 효과는 2,540억 원 정도였지만 기종 선정 당시 평가위원회는 이를 1.6조 원으로 간주했다. 당초 선전된 대로 오프셋으로 인한 경제적 효과가 발생하는 경우는 사실 드물다. 또한 오프셋은 뇌물을 주고 받기 좋은 환경을 만든다. 그래서 세계무역기구는 무역거래를 평가할 때 오프셋을 기준에 포함하지 않도록 금지시켰다. 물론 세계무역기구가 전혀 관여하지 않는 무기거래라면 다른 얘기다.

전체 무기로 넓혀보면 당초 남아프리카는 오프셋에서 발생된 경제적 효과로 6만 5,000개의 새로운 일자리가 생긴다고 홍보했다. 2010년 남아프리카 통상산업부가 확인해보니 실제로 생긴 일자리는 2만

8,000개에 지나지 않았다. 2018년까지 총비용 9.6조 원을 감안하면 일자리 1개당 약 3.4억 원을 쓴 셈이었다. 반면, 남아프리카는 2016년 1인당 국민소득이 500만 원 정도에 불과하고 2010년 기준 교사 1년 연봉은 600만 원을 겨우 넘는다. 즉, 교사 55명을 채용할 수 있는 돈으로 겨우 일자리 1개 만드는 데 그친 셈이었다.

영국 중대사기청Serious Fraud Office은 약 2,000억 원이 브리티시 에어로스페이스로부터 남아프리카로 흘러 들어갔음을 밝혔다. 당시 남아프리카 국방부 무기획득책임자는 30억 원 뇌물수수가 밝혀지자 해외로 도망쳤다. 뇌물을 준 회사는 티센크루프였다. 이외에도 다수의 전현직 정치인들이 연루되었다.

이들 무기가 도입된 이래로 지금까지 남아프리카 공군과 해군이 느끼는 운용 결과는 어땠을까? 어쨌거나 거액의 돈을 들여 주변국과 수준을 달리하는 최신 무기를 들여왔으니 뿌듯해하지 않았을까 싶을 수 있다. 하나씩 얘기를 들어보자.

2013년 3월, 남아프리카 국방장관 노시비웨 마피사-응콰쿨라Nosiviwe Mapisa-Nqakula는 전체 그리펜의 약 반수가 그냥 격납고에 처박혀 있다고 진술했다. 이유는 운용할 돈이 모자라서였다. 무기는 구매비용 이상으로 유지비용이 드는 물건이다. 대내적으로 시끄러워지자 2013년 9월 26기를 모두 순환시켜 조금씩 비행하도록 결정했다. 그런다고 정상적인 편대 운용이 될 리는 없었다. 정비에 쓸 돈만 늘 뿐이었다.

좀 더 구체적으로 살펴보면, 평균적으로 그리펜 11기가 1년에 250시간을 비행해왔다. 여기서 250시간의 의미를 착각해서는 곤란하다.

1기당 250시간이 아니라 11기를 합쳐서 250시간이다. 즉, 1기당 연간 비행시간은 20시간을 겨우 넘는다. 2011년 자료에 의하면 한국 공군 조종사 1명당 연간비행시간 평균은 135시간으로 좋은 비교가 된다.

호크는 어떨까? 호크는 그리펜보다 운용에 드는 비용이 적다. 덕분에 1년에 2,500시간이 비행시간으로 허용되었다. 24기가 운용 중이니 1기당 비행시간은 100시간이 살짝 넘는다. 그러나 이는 당초 남아프리카 공군이 기대했던 비행시간의 반에 불과하다. 당초 계획의 반밖에 되지 않는 호크의 실제 비행시간은 또 다른 문제를 야기시켰다. 개별 조종사들이 그리펜을 조종하는 데 필요한 최소 비행시간을 채울 방법이 없었다. 이는 애초에 남아프리카 공군이 요구했던 대로 단일 기종을 채택했다면 피할 수 있는 문제였다.

다른 무기들도 상황은 대동소이하다. 2013년 7월, 남아프리카 공군은 아구스타 A109 30대 중 18대가 그냥 지상에 방치되어 있다고 보고했다. 몇 달 전 A109에 발생한 사고는 정비를 제때 못 받아서 벌어진 일이었다. 하지만 전체 편대에 대해 유지보수를 할 돈이 없어서 결국 일부만 운용하기로 결정 내렸다. 2013년 1년간 A109 12대에 할당된 비행시간은 모두 71시간이었다. 티센크루프로부터 도입한 잠수함 3척도 문제투성이라 대부분 시간을 도크에서 보내며 수리를 기다리고 있다.

| 참고문헌 |

강진원, 『빅브라더를 향한 우주전쟁』, 지식과 감성, 2013.

고정우, 『수직이착륙기』, 지성사, 2013.

국방기술품질원, 『미리보는 미래무기 3』, 2012.

군사학연구회, 『군사학개론』, 도서출판 플래닛미디어, 2014.

권오상, "국가 신성장사업의 컴파운드 옵션에 의한 가치평가", 한국산학기술학회논문지, 12(7), pp.3016-3021, 2011.

_____, 『노벨상과 수리공』, 미래의창, 2014.

_____, 『엔지니어 히어로즈』, 청어람미디어, 2016.

_____, 『이기는 선택』, 카시오페아, 2016.

김양렬, 『의사결정론』, 명경사, 2012.

김종하, 『무기획득 의사결정』, 책이된나무, 2000.

_____, 『국방획득과 방위산업』, 북코리아, 2015.

김충영 외, 『군사 OR 이론과 응용』, 두남, 2004.

로버트 영 펠튼, 윤길순 옮김, 『용병』, 교양인, 2009.

마르테 셰르 갈퉁·스티그 스텐슬리, 오수원 옮김, 『중국의 미래』, 부키, 2016.

마크 마제티, 이승환 옮김, 『CIA의 비밀전쟁』, 삼인, 2017.

마틴 반 크레벨트, 이동욱 옮김, 『과학기술과 전쟁』, 황금알, 2006.

모리 모토사다, 정은택 옮김, 『도해 현대 지상전』, 에이케이커뮤니케이션즈, 2015.

문근식, 『문근식의 잠수함 세계』, 도서출판 플래닛미디어, 2013.

배리 파커, 김은영 옮김, 『전쟁의 물리학』, 북로드, 2015.

알렉스 아벨라, 유강은 옮김, 『두뇌를 팝니다』, 난장, 2010.

윌리엄 페리, 정소영 옮김, 『핵 벼랑을 건다』, 창비, 2016.

이노우에 히로치카 외, 박정회 옮김, 『로봇, 미래를 말하다』, 전자신문사, 2008.

이상길 외,『무기공학』, 청문각, 2012.

이월형 외,『국방경제학의 이해』, 황금소나무, 2014.

이진규,『국방선진화 리포트』, 랜드앤마린, 2010.

일라 레자 누르바흐시, 유영훈 옮김,『로봇 퓨처, 레디셋고』, 2015.

정규수,『로켓 꿈을 쏘다』, 갤리온, 2010.

_____,『ICBM 악마의 유혹』, 지성사, 2012.

최무진,『과학적 의사결정과 선진사회』, 한울출판사, 2008.

토머스 크로웰, 이경아 옮김,『워 사이언티스트』, 플래닛미디어, 2011.

피터 싱어, 권영근 옮김,『하이테크 전쟁』, 지안, 2011.

황재연·정경찬,『퓨처 웨폰』, 군사연구, 2008.

Angelis, Diana and David N. Ford et al, "Real Options in Military System Acquisition: The Case Study of Technology Development for the Javelin Anti-Tank Weapon System", Naval Postgraduate School, 2013.

Argyrous, George, *Cost-Benefit Analysis and Multi-Criteria Analysis: Competing or Complementary Approaches?*, The University of New South Wales, 2010.

Biddle, Stephen, *Military Power*, Princeton University Press, 2004.

Bolten, Joseph G. and Robert S. Leonard et al, *Sources of Weapon System Cost Growth*, RAND Corporation, 2008.

Bostrom, Nick, *Superintelligence: Paths, Dangers, Strategies*, Oxford University Press, 2014.

Braun Stephen and Douglas Farah, *Merchant of Death: Money, Guns, Planes, and the Man who Makes War Possible*, Wiley, 2008.

Buderi, Robert, *Naval Innovation for the 21st Century: The Office of Naval Research Since the End of the Cold War*, Naval Institute Press, 2013.

Cockburn, Andrew, *Kill Chain: The Rise of the High-Tech Assassins*, Henry Holt and Co., 2015.

Connor, Kathryn and James Dryden, *New Approaches to Defense Inflation and Discounting*, RAND Corporation, 2013.

Department of Army, *Army Truck Program: Tactical Wheeled Vehicle Acquisition Strategy*, 2010.

Feinstein, Andrew, *The Shadow World: Inside the Global Arms Trade*, Picador, 2012.

Fox, Bernard, Kevin Brancato and Brien Alkire, *Guidelines and Metrics for Assessing Space System Cost Estimates*, Rand Corporation, 2008.

Gilboa, Itzhak, *Making Better Decisions*, Wiley-Blackwell, 2011.

Gilboa, Itzhak, *Rational Choice*, MIT Press, 2010.

Gilboa, Itzhak, *Theory of Decision under Uncertainty*, Cambridge University Press, 2009.

Gong, Carolyn et al, "Army Tactical Wheeled Vehicles: Current Fleet Profiles and Potential Strategy Implications", RAND Arroyo Center, 2011.

Grissom, Adam R., Caitlin Lee and Karl P. Mueller, *Innovation in the United States Air Force*, RAND Corporation, 2016.

Guthrie, Graeme, *Real Options in Theory and Practice*, Oxford University Press, 2009.

Heginbotham, Eric et al, *The US-China Military Scorecard: Forces, Geography, and the Evolving Balance of Power, 1996-2017*, RAND Corporation, 2015.

Hitch, Charles J. and Roland N. McKean, *The Economics of Defense in the Nuclear Age*, Harvard University Press, 1960.

Jahn, Johannes, *Vector Optimization: Theory, Applications, and Extensions*, Springer, 2014.

Jordan David et al, *Understanding Modern Warfare*, Cambridge University Press, 2008.

Kim, Yool et al, *Acquisition of Space Systems: Past Problems and Future Challenges*, RAND Corporation, 2015.

Kwon, Ohsang, "Option-Based Valuation of a Venture Business and the Determination of its Implied Volatility", *Journal of the Korea Management Engineers Society*, 17(2), pp.43-60, 2012.

Lambeth, Benjamin S., *Mastering the Ultimate High Ground*, RAND Corporation, 2003.

Lorell, Mark A. and Michael Kennedy et al, *The Department of Defense Should Avoid a Joint Acquisition Approach to Sixth-Generation Fighter*, RAND Corporation, 204.

Lorell, Mark A. Michael Kennedy et al, *Do Joint Fighter Programs Save Money?*, RAND Corporation, 2013.

Lorell, Mark A. and Julia F. Lowell et al, *Cheaper, Faster, Better? Commercial Approaches to Weapons Acquisition*, RAND Corporation, 2000.

Luenberger, David G., *Linear and Nonlinear Programming*, 2nd edition, Addison Wesley, 1973.

Mackenzie, Donald, *Inventing Accuracy*, MIT Press, 1993.

Melese, Francois et al, *Military Cost-Benefit Analysis*, Routledge, 2015.

Menthe, Lance, Myron Hura and Carl Rhodes, *The Effectiveness of Remotely Piloted*

Aircraft in a Permissive Hunter-Killer Scenario, RAND Corporation, 2014.

Morgan, Forrest E., *Deterrence and First-Strike Stability in Space*, RAND Corporation, 2010.

Mueller, Karl P., *Air Power*, RAND Corporation, 2010.

O'Hanlon, Michael E., *The Science of War*, Princeton University Press, 2009.

Owen, Robert C. and Karl P. Mueller, *Airlift Capabilities for Future US Counterinsurgency Operations*, RAND Corporation, 2007.

Pearl, Judea, *Causality*, 2nd edition, Cambridge University Press, 2009.

Perla, Peter P., *The Art of Wargaming*, Naval Institute Press, 1990.

Perry, Walter L. and Richard E. Darilek et al, *Operation Iraqi Freedom: Decisive War, Elusive Peace*, RAND Corporation, 2016.

Peterson, Martin, *An Introduction to Decision Theory*, Cambridge University Press, 2009.

Poast, Paul, *The Economics of War*, McGraw Hill, 2006.

Preston Robert et al, *Space Weapons Earth Wars*, RAND Corporation, 2002.

Rohlfs, C. and R. Sullivan, "The Cost-Effectiveness of Armored Tactical Wheeled Vehicles for Overseas US Army Operations", *Defence and Peace Economics*, 24, pp.293-316, 2013.

Rohlfs, C. and R. Sullivan, "A Comment on Evaluating the Cost-Effectiveness of Armored Tactical Wheeled Vehicles", *Defence and Peace Economics*, 24, pp.485-494, 2013.

Rothstein, Adam, *Drone*, Bloomsbury Academic, 2015.

Singer, Peter W., *Corporate Warriors*, Cornell University Press, 2003.

Smith, Ron, *Military Economics*, Palgrave Macmillan, 2011.

Stiglitz, Joseph E. and Linda J. Bilmes, *The Three Trillion Dollar War*, W. W. Norton, 2008.

Thrun, Sebastian, Wolfram Burgard and Dieter Fox, *Probabilistic Robotics*, MIT Press, 2006.

Trigeorgis, Lenos, *Real Options*, MIT Press, 2000.

Tripp, Robert S. and Kristin F. Lynch et al, *Space Command Sustainment Review*, RAND Corporation, 2007.

U.S. Army, *Cost Benefit Analysis Guide*, 3rd Edition, 2013.

U.S. Government Accountability Office, *Defense Industry Consolidation: Competitive Effects of Mergers and Acquisitions*, 1998.

Viscusi, W. Kip, "The Value of Risks to Life and Health", *Journal of Economic Literature*, 31(4), pp.1912-46, 1993.

Walsh, John E., "Inadequacy of Cost Per "Kill" as Measure of Effectiveness", *Operations Research*, 5(6), pp.750-764, 1957.

Warwick, Kevin, *Artificial Intelligence: The Basics*, Routledge, 2011.

Winston, Wayne L., *Introduction to Mathematical Programming*, 2nd edition, Duxbury, 1995.

Younossi, Obaid et al, *Improving the Cost Estimation of Space Systems*, RAND Corporation, 2008.

Zarkadakis, George, *In Our Own Image: Savior or Destroyer? The History and Future of Artificial Intelligence*, Pegasus, 2016.

Zenko, Micah, *Red Team: How to Succeed by Thinking Like the Enemy*, Basic Books, 2015.

한국국방안보포럼(KODEF)은 21세기 국방정론을 발전시키고 국가안보에 대한 미래 전략적 대안을 제시하기 위해 뜻있는 군·정치·언론·법조·경제·문화 마니아 집단이 만든 사단법인입니다. 온·오프라인을 통해 국방정책을 논의하고, 국방정책에 관한 조사·연구·자문·지원 활동을 하고 있으며, 국방 관련 단체 및 기관과 공조하여 국방 교육 자료를 개발하고 안보의식을 고양하는 사업을 하고 있습니다. http://www.kodef.net

KODEF 안보총서 101

무기의 경제학
WEAPON ECONOMICS

초판 1쇄 발행 2018년 6월 19일
초판 2쇄 발행 2024년 12월 19일

지은이 권오상
펴낸이 김세영

펴낸곳 도서출판 플래닛미디어
주소 04013 서울시 마포구 월드컵로15길 67, 2층
전화 02-3143-3366
팩스 02-3143-3360
블로그 http://blog.naver.com/planetmedia7
이메일 webmaster@planetmedia.co.kr
출판등록 2005년 9월 12일 제313-2005-000197호

ⓒ 권오상, 2018

ISBN 979-11-87822-22-6 03390